中国农业标准经典收藏系列

中国农业行业标准汇编

（2019）

农机分册

农业标准出版分社　编

中国农业出版社

北　京

主　　编：刘　伟

副 主 编：冀　刚

编写人员（按姓氏笔画排序）：

　　　　刘　伟　杨桂华　杨晓改

　　　　廖　宁　冀　刚

出 版 说 明

自 2010 年以来，农业标准出版分社陆续推出了《中国农业标准经典收藏系列》，将 2004—2016 年由我社出版的 3 900 多项标准汇编成册，得到了广大读者的一致好评。无论从阅读方式还是从参考使用上，都给读者带来了很大方便。为了加大农业标准的宣贯力度，扩大标准汇编本的影响，满足和方便读者的需要，我们在总结以往出版经验的基础上策划了《中国农业行业标准汇编（2019）》。

本次汇编对 2017 年出版的 211 项农业标准进行了专业细分与组合，根据专业不同分为种植业、畜牧兽医、植保、农机、综合和水产 6 个分册。

本书收录了农机质量评价技术规范、安全操作规程、安装技术要求等方面的农业行业标准 9 项。并在书后附有 2017 年发布的 5 个标准公告供参考。

特别声明：

1. 汇编本着尊重原著的原则，除明显差错外，对标准中所涉及的有关量、符号、单位和编写体例均未做统一改动。

2. 从印制工艺的角度考虑，原标准中的彩色部分在此只给出黑白图片。

3. 本辑所收录的个别标准，由于专业交叉特性，故同时归于不同分册当中。

本书可供农业生产人员、标准管理干部和科研人员使用，也可供有关农业院校师生参考。

农业标准出版分社

2018 年 11 月

目　录

ICS 65.060.99
B 91

中华人民共和国农业行业标准

NY/T 365—2017
代替 NY/T 365—1999

窝眼滚筒式种子分选机　质量评价技术规范

Seed indent cylinder separators—Technical specification of quality evaluation

2017-12-22 发布

2018-06-01 实施

中华人民共和国农业部 发布

前　言

本标准按照 GB/T 1.1—2009 给出的规则起草。

本标准代替 NY/T 365—1999《窝眼滚筒分选机试验鉴定方法》。与 NY/T 365—1999 相比,除编辑性修改外主要变化如下:

——修改了标准名称;

——调整了标准的总体结构;

——修改了规范性引用文件;

——修改了术语和定义;

——增加了基本要求;

——删除了一等品、优等品的相关内容;

——删除了焊接质量、机架水平平面,垂直平面对角线允差、操纵与调节装置的灵活性与可靠性、油漆外观、空运转性能、密封性项目;

——修改了运转部位轴承温升、有效度项目的名称;

——修改了获选率、除杂率指标值;

——修改了漆膜附着力质量要求;

——修改了安全要求、使用说明书、铭牌的要求及检测方法;

——修改了试验用仪器设备的要求;

——修改了试验条件、试验要求;

——增加了装配质量、外观质量、操作方便性、三包凭证的要求及检测方法;

——增加了发芽率、轴承温升、千粒质量检测方法;

——修改了纯工作小时生产率、千瓦小时生产率单位及公式;

——修改了检验规则;

——修改了不合格分类及判定规则;

——删除了附录 A 中试验检测记录表,增加了产品规格确认表;

——删除了附录 B 和附录 C。

本标准由农业部农业机械化管理司提出。

本标准由全国农业机械标准化技术委员会农业机械化分技术委员会(SAC/TC 201/SC 2)归口。

本标准起草单位:甘肃省农业机械质量管理总站、酒泉奥凯种子机械股份有限公司。

本标准主要起草人:程兴田、周惠芬、成旭东、苏策、赵建托、杨朝军、代俊春。

本标准所代替标准的历次版本发布情况为:

——NY/T 365—1999。

窝眼滚筒式种子分选机 质量评价技术规范

1 范围

本标准规定了窝眼滚筒式种子分选机的术语和定义、基本要求、质量要求、检测方法和检验规则。
本标准适用于窝眼滚筒式种子分选机的质量评定。

2 规范性引用文件

下列文件对于本文件的应用是必不可少的。凡是注日期的引用文件,仅注日期的版本适用于本文件。凡是不注日期的引用文件,其最新版本(包括所有的修改单)适用于本文件。

GB/T 2828.11—2008 计数抽样检验程序 第 11 部分:小总体声称质量水平的评定程序

GB/T 3543.2 农作物种子检验规程 扦样

GB/T 3543.4 农作物种子检验规程 发芽试验

GB/T 3768 声学 声压法测定噪声源声功率级 反射面上方采用包络测量表面的简易法

GB/T 5262 农业机械试验条件 测定方法的一般规定

GB/T 5667 农业机械 生产试验方法

GB/T 9480 农林拖拉机和机械、草坪和园艺动力机械 使用说明书编写规则

GB 10396 农林拖拉机和机械、草坪和园艺动力机械 安全标志和危险图形 总则

GB/T 13306 标牌

GB 23821 机械安全 防止上下肢触及危险区的安全距离

JB/T 9832.2—1999 农林拖拉机及机具 漆膜 附着性能测定方法 压切法

3 术语和定义

下列术语和定义适用于本文件。

3.1

窝眼滚筒分选 indent cylinder separating
按滚筒窝眼长度尺寸分离种子、长粒杂质和短粒杂质的过程。

3.2

短杂 short grain impurity
小于窝眼最大通过尺寸的小粒种子、破碎种子和杂质。

3.3

长杂 long grain impurity
大于窝眼最大通过尺寸的大粒种子和杂质。

4 基本要求

4.1 质量评价所需的文件资料

对窝眼滚筒式种子分选机进行质量评价所需提供的文件资料应包括:

a) 产品规格确认表(见附录 A);

b) 企业产品执行标准或产品制造验收技术条件;

c) 产品使用说明书;

d) 三包凭证;

e) 样机照片(正前方、正后方、正前方两侧45°各1张)。

4.2 主要技术参数核对与测量

依据产品使用说明书、铭牌和其他技术文件,对样机的主要技术参数按表1进行核对或测量。

表 1　核测项目与方法

序号	核测项目			单位	方法
1	型号规格			—	核对
2	外形尺寸(长×宽×高)			mm	测量
3	结构质量			kg	测量
4	配套动力			kW	核对
5	喂入方式			—	核对
6	滚筒	数量		个	核对
		尺寸(直径×长度)		mm	测量
		转速		r/min	测量
		窝眼	型式	—	核对
			直径	mm	测量

4.3 试验条件

4.3.1 试验样机应按产品使用说明书要求调整到正常工作状态。

4.3.2 试验用电源电压偏差应在±5%内。

4.3.3 试验物料应选用同一产地、同一收获期的同品种、质量基本一致的小麦,净度不低于98%,含水率小于13%。

4.4 主要仪器设备

试验用仪器设备应经过计量检定或校准且在有效期内。仪器设备的测量范围应符合表2的规定,准确度要求应不低于表2的规定。

表 2　主要仪器设备测量范围和准确度要求

序号	被测参数名称	测量范围	准确度要求
1	长度	0 m～5 m	1 mm
		0 mm～300 mm	0.02 mm
2	质量	0 g～1 000 g	0.1 g
		0 kg～100 kg	50 g
3	时间	0 min～30 min	0.01 s
		0 h～24 h	1 s/d
4	温度	−50℃～150℃	0.5℃
5	湿度	0%RH～100%RH	5%RH
6	噪声	30 dB(A)～130 dB(A)	0.5 dB(A)
7	电阻	0 MΩ～200 MΩ	2级
8	耗电量	0 kW·h～100 kW·h	1%

5 质量要求

5.1 性能要求

在满足4.3试验条件下,窝眼滚筒式种子分选机的主要作业性能应符合表3的规定。

表 3 主要性能指标要求

序号	项 目		质量指标	对应的检测方法条款号
1	纯工作小时生产率,t/h		达到设计要求	6.1.2
2	千瓦小时生产率,t/(kW·h)	只除短杂	≥2.50	6.1.3
		只除长杂	≥1.75	
		同时除短杂、长杂	≥2.00	
3	获选率,%		≥97	6.1.4
4	除长杂率,%		≥90	6.1.5
5	除短杂率,%		≥85	6.1.5
6	破损率,%		≤0.15	6.1.6
7	发芽率,%		高于选前	6.1.7
8	千粒质量,g		高于选前	6.1.8

5.2 安全要求

5.2.1 产品使用说明书中应规定安全操作规程和安全注意事项。

5.2.2 电控柜及机体应有标接地符号的接地装置,该装置不应另作其他用途。电器装置应有过载保护装置和漏电保护装置。各电动机接线端子与机体间的绝缘电阻应不小于 1 MΩ。

5.2.3 外露传动件、旋转件应有牢固、可靠的防护装置。安全防护罩应能保证人体任何部位不会触及转动部件,并不妨碍机器操作、保养和观察。安全防护距离应符合 GB 23821 的要求。

5.2.4 影响人身安全的部位应有符合 GB 10396 要求的安全标志,电控柜应有醒目的防触电安全标志,操纵按钮处应用中文文字或符号标志标明用途。警示内容至少应包括:"作业时,不得打开或拆下防护装置";操作者可视的明显位置处应有"清理与调整维修时必须停机""作业时手不可伸入运动部件"。

5.3 轴承温升

轴承温升不大于 25℃。

5.4 噪声

噪声不大于 85 dB(A)。

5.5 装配质量

5.5.1 各紧固件、连接件应牢固可靠不松动。

5.5.2 各运转件应转动灵活、平稳,不应有异常振动、声响及卡滞现象。

5.5.3 工作时不应有泄漏。

5.6 外观质量

5.6.1 整机表面应平整光滑,不应有碰伤、划伤痕迹及制造缺陷。

5.6.2 涂漆表面应色泽均匀,不应有露底、起泡、起皱、流挂现象。

5.7 漆膜附着力

应符合 JB/T 9832.2—1999 中表 1 的规定,3 处均应不低于Ⅱ级。

5.8 操作方便性

5.8.1 滚筒应有旋向标志。

5.8.2 分离槽应有角度调节机构。

5.8.3 各操纵机构及控制按钮等位置应设置合理,且应灵活、可靠。

5.8.4 各注油孔的位置应设计合理,保养时不受其他部件妨碍。

5.8.5 机具内部应便于清理,不应有难以清除残留物的死角。

5.8.6 上料和卸料不应受其他部件妨碍。

5.8.7 滚筒及易损件换装应方便。

5.9 使用有效度

使用有效度应不小于94%。如果发生重大质量故障,生产试验不再继续进行,可靠性评价结果为不合格。重大质量故障是指危及人身和设备安全、引起电机报废、造成重大经济损失的故障,以及主要零部件(电机、输送器等)严重损坏、难以正常作业、需解体停机检修的故障。

5.10 使用说明书

使用说明书的编制应符合GB/T 9480的要求,其内容至少应包括:

    a) 安全注意事项,复现安全警示标志,明示粘贴位置;
    b) 主要用途和适用范围;
    c) 产品执行标准代号及主要技术参数,产品结构特征及工作原理;
    d) 正确的安装与调试方法及操作说明;
    e) 维护与保养要求;
    f) 常见故障及排除方法;
    g) 易损件清单。

5.11 三包凭证

窝眼滚筒式种子分选机应有三包凭证,其内容至少应包括:

    a) 产品名称、型号、规格、出厂编号、购买日期;
    b) 生产企业名称、地址、邮政编码、售后服务联系电话;
    c) 修理者名称、地址、邮政编码和电话;
    d) 整机三包有效期应不少于1年;
    e) 主要零部件三包有效期应不少于1年;
    f) 主要零部件清单;
    g) 销售记录表、修理记录表;
    h) 不实行三包的情况说明。

5.12 铭牌

铭牌应固定在机器的明显位置,其规格、材质应符合GB/T 13306的要求,其内容至少应包括:

    a) 产品型号名称;
    b) 生产企业名称及地址;
    c) 整机外形尺寸;
    d) 生产率;
    e) 配套动力;
    f) 整机质量;
    g) 生产日期;
    h) 产品编号;
    i) 产品标准执行代号。

6 检测方法

6.1 性能试验

6.1.1 试验要求

6.1.1.1 按照GB/T 3543.2的规定扦样、分样,按照GB/T 5262的规定测定原始物料的几何尺寸、净度、破碎率、千粒质量、含水率,按照GB/T 3543.4的规定测定原始物料的发芽率。

6.1.1.2 从6.1.1.1的样品中拣出长杂、短杂,分别称其质量,按式(1)、式(2)计算原始物料含长杂率、原始物料含短杂率。

$$C_y = \frac{C}{W_y} \times 100 \quad \cdots\cdots\cdots\cdots\cdots\cdots\cdots\cdots\cdots\cdots\cdots\cdots\cdots\cdots (1)$$

式中：

C_y——原始物料含长杂率，单位为百分率（%）；

C ——长杂质量，单位为克（g）；

W_y——样品质量，单位为克（g）。

$$d_y = \frac{d}{W_y} \times 100 \quad \cdots\cdots\cdots\cdots\cdots\cdots\cdots\cdots\cdots\cdots\cdots\cdots\cdots\cdots (2)$$

式中：

d_y——原始物料含短杂率，单位为百分率（%）；

d ——短杂质量，单位为克（g）。

6.1.1.3 空运转结束后，将生产率调整到设计值±5%的范围内。

6.1.1.4 在机器进入正常工作状态 5 min 后进行性能试验，试验应不少于 3 次，每次时间不少于 10 min，间隔时间不少于 5 min。记录试验开始和终止时间及耗电量，称出各排出口的物料质量。

6.1.1.5 每次性能试验中，在各排出口接取样品 1 次，接样时间不少于 10 s，每次主排料口接取样品中取样不少于 1 000 g，并拣出好种子称其质量。

6.1.2 纯工作小时生产率的测定

依据 6.1.1.4 中测量结果，按式（3）计算纯工作小时生产率，取平均值。

$$E_Z = \frac{\sum W}{1000 T_Z} \cdots\cdots\cdots\cdots\cdots\cdots\cdots\cdots\cdots\cdots\cdots\cdots\cdots\cdots (3)$$

式中：

E_Z——纯工作小时生产率，单位为吨每小时（t/h）；

W ——测定时间内各排出口排出物料质量，单位为千克（kg）；

T_Z——测定时间，单位为小时（h）。

6.1.3 千瓦小时生产率的测定

依据 6.1.1.4 中测量结果，按式（4）计算千瓦小时生产率，取平均值。

$$E_d = \frac{\sum W}{1000 D} \cdots\cdots\cdots\cdots\cdots\cdots\cdots\cdots\cdots\cdots\cdots\cdots\cdots (4)$$

式中：

E_d——千瓦小时生产率，单位为吨每千瓦时[t/(kW·h)]；

D ——测定时间内的耗电量，单位为千瓦时（kW·h）。

6.1.4 获选率的测定

对 6.1.1.5 中的样品，按式（5）计算获选率，取平均值。

$$H = \frac{W_{zh}}{\sum W_{gh}} \times 100 \quad \cdots\cdots\cdots\cdots\cdots\cdots\cdots\cdots\cdots\cdots\cdots\cdots (5)$$

式中：

H ——获选率，单位为百分率（%）；

W_{zh}——接样时间内主排口排出物料中的好种子质量，单位为克（g）；

W_{gh}——接样时间内各排出口排出物料中的好种子质量，单位为克（g）。

6.1.5 除杂率的测定

6.1.5.1 除长杂率的测定

对 6.1.1.5 中的样品，按式（6）计算除长杂率，取平均值。

$$q_z = \frac{C_z}{C_y \times \sum W_{yg}} \times 100 \quad\cdots\cdots\cdots\cdots\cdots\cdots\cdots\cdots\cdots\cdots\cdots\cdots \quad(6)$$

式中：

q_z——除长杂率，单位为百分率（%）；

C_z——接样时间内长杂排出口排出物料中含长杂质量，单位为克（g）；

W_{yg}——接样时间内各排出口排出物料质量，单位为克（g）。

6.1.5.2 除短杂率的测定

对 6.1.1.5 中的样品，按式（7）计算除短杂率，取平均值。

$$q_d = \frac{d_z}{d_y \times \sum W_{yg}} \times 100 \quad\cdots\cdots\cdots\cdots\cdots\cdots\cdots\cdots\cdots\cdots\cdots\cdots \quad(7)$$

式中：

q_d——除短杂率，单位为百分率（%）；

d_z——接样时间内短杂排出口排出物料中含短杂质量，单位为克（g）。

6.1.6 破碎率的测定

对 6.1.1.5 中的样品，用四分法取小样 100 g，拣出破碎籽粒，称其质量，按式（8）计算破碎率，取平均值。

$$S_z = \frac{\sum W_p}{\sum W_{gy}} \times 100 - S_{yp} \quad\cdots\cdots\cdots\cdots\cdots\cdots\cdots\cdots\cdots\cdots\cdots \quad(8)$$

式中：

S_z——破碎率，单位为百分率（%）；

W_p——小样中破碎籽粒质量，单位为克（g）；

S_{yp}——原始物料的破碎率，单位为百分率（%）。

6.1.7 发芽率的测定

将 6.1.1.5 中主排料口 3 次所取样品混合均匀，按照 GB/T 3543.4 的规定进行测定。

6.1.8 千粒质量的测定

将 6.1.1.5 中主排料口 3 次所取样品混合均匀，按照 GB/T 5262 的规定进行测定。

6.1.9 轴承温升的测定

测量主轴各轴承座外壳试验前后温度并计算差值，取最大差值作为测量结果。

6.1.10 噪声的测定

样机正常作业时，在距离样机外表面 1 m、距离地面 1.5 m 处，在前、后、左、右 4 个方向测量噪声值（测量 A 计权声压级，用慢挡进行测量）。取各点噪声平均值为最后测定结果。并根据测定的背景噪声按照 GB/T 3768 的规定进行修正。

6.2 安全性检查

6.2.1 测量各电动机接线端子与机体间的绝缘电阻值。

6.2.2 按照 5.2 的规定逐项检查是否符合要求，其中任一项不合格，判安全要求不合格。

6.3 装配质量检查

在试验过程中，观察样机是否符合 5.5 的要求，其中任一项不合格，判装配质量不合格。

6.4 外观质量检查

按照 5.6 的规定采用目测法逐项检查是否符合要求，其中任一项不合格，判外观质量不合格。

6.5 漆膜附着力检查

在样机表面任选 3 处，按照 JB/T 9832.2—1999 的规定进行检查。

6.6 操作方便性检查

通过实际操作,观察样机是否符合5.8的规定,其中任一项不合格,判操作方便性不合格。

6.7 使用有效度测定

按照GB/T 5667的规定进行生产考核,考核时间应不少于100 h。按式(9)计算使用有效度。

$$K = \frac{\sum T_z}{\sum T_g + \sum T_z} \times 100 \quad\cdots\cdots\quad (9)$$

式中:

K ——使用有效度,单位为百分率(%);

T_z ——生产考核期间的班次作业时间,单位为小时(h);

T_g ——生产考核期间的班次故障时间,单位为小时(h)。

6.8 使用说明书审查

按照5.10的规定逐项审查是否符合要求,其中任一项不合格,判使用说明书不合格。

6.9 三包凭证审查

按照5.11的规定逐项审查是否符合要求,其中任一项不合格,判三包凭证不合格。

6.10 铭牌检查

按照5.12的规定逐项检查是否符合要求,其中任一项不合格,判铭牌不合格。

7 检验规则

7.1 不合格项目分类

检验项目按其对产品质量影响的程度分为A、B两类,不合格项目分类见表4。

表4 检验项目及不合格分类

类别	序号	检验项目	对应质量要求的条款
A	1	安全要求	5.2
	2	获选率	5.1
	3	除杂率	5.1
	4	噪声	5.4
	5	使用有效度	5.9
B	1	破碎率	5.1
	2	发芽率	5.1
	3	千粒质量	5.1
	4	纯工作小时生产率	5.1
	5	千瓦小时生产率	5.1
	6	装配质量	5.5
	7	外观质量	5.6
	8	漆膜附着力	5.7
	9	操作方便性	5.8
	10	轴承温升	5.3
	11	使用说明书	5.10
	12	三包凭证	5.11
	13	铭牌	5.12

7.2 抽样方案

抽样方案按照GB/T 2828.11—2008中表B.1的规定制订,见表5。

表 5 抽样方案

检验水平	O
声称质量水平(DQL)	1
核查总体(N)	10
样本量(n)	1
不合格品限定数(L)	0

7.3 抽样方法

根据抽样方案确定,抽样基数为 10 台,被检样机为 1 台,样机在生产企业生产的合格产品中随机抽取(其中,在用户中和销售部门抽样时不受抽样基数限制)。样机应是一年内生产的产品。

7.4 判定规则

7.4.1 样机合格判定

对样机的 A、B 各类检验项目进行逐一检验和判定,当 A 类不合格项目数为 0,B 类不合格项目数不超过 1 时,判定样机为合格品;否则,判定样机为不合格品。

7.4.2 综合判定

若样机为合格品(即样机的不合格品数不大于不合格品限定数),则判通过;若样机为不合格品(即样机的不合格品数大于不合格品限定数),则判不通过。

附　录　A
（规范性附录）
产品规格确认表

产品规格确认表见表 A.1。

表 A.1　产品规格确认表

序号	项　　目			单位	设计值
1	型号规格			—	
2	外形尺寸(长×宽×高)			mm	
3	结构质量			kg	
4	配套动力			kW	
5	喂入方式			—	
6	滚筒	数量		个	
		尺寸(直径×长度)		mm	
		转速		r/min	
		窝眼	型式	—	
			直径	mm	

ICS 65.060.99
B 91

中华人民共和国农业行业标准

NY/T 369—2017
代替 NY/T 369—1999

种子初清机 质量评价技术规范

Seed pre-cleaners—Technical specification of quality evaluation

2017-12-22 发布

2018-06-01 实施

中华人民共和国农业部 发布

前　言

本标准按照 GB/T 1.1—2009 给出的规则起草。

本标准代替 NY/T 369—1999《种子初清机试验鉴定方法》。与 NY/T 369—1999 相比,除编辑性修改外主要变化如下:

——修改了标准名称;

——调整了标准的总体结构;

——修改了评价指标;

——修改了规范性引用文件;

——增加了质量评价所需提供文件资料及主要技术参数核对与测量;

——修改了试验用仪器设备的要求;

——增加了粉尘浓度和纯工作小时生产率的指标要求;

——删除了每千克种子含有害杂草籽粒数;

——修改了安全要求;

——修改了铭牌要求;

——修改了噪声的检测方法;

——增加了操作方便性、三包凭证要求及检测方法;

——删除了分等指标;

——修改了检验规则;

——删除了附录 A 中的试验检测记录表,增加了产品规格确认表;

——删除了附录 B 和附录 C。

本标准由农业部农业机械化管理司提出。

本标准由全国农业机械标准化技术委员会农业机械化分技术委员会(SAC/TC 201/SC 2)归口。

本标准起草单位:甘肃省农业机械鉴定站、酒泉奥凯种子机械股份有限公司。

本标准主要起草人:闫发旭、王祺、安长江、李小强、安军芳、颜冬慧。

本标准所代替标准的历次版本发布情况为:

——NY/T 369—1999。

种子初清机 质量评价技术规范

1 范围

本标准规定了种子初清机的基本要求、质量要求、检测方法和检验规则。

本标准适用于种子初清机的质量评定。

2 规范性引用文件

下列文件对于本文件的应用是必不可少的。凡是注日期的引用文件,仅注日期的版本适用于本文件。凡是不注日期的引用文件,其最新版本(包括所有的修改单)适用于本文件。

GB/T 2828.11—2008 计数抽样检验程序 第11部分:小总体声称质量水平的评定程序

GB/T 3543.2 农作物种子检验规程 扦样

GB/T 3543.4 农作物种子检验规程 发芽试验

GB/T 3768 声学 声压法测定噪声源声功率级 反射面上方采用包络测量表面的简易法

GB/T 5262 农业机械试验条件 测定方法的一般规定

GB/T 5667 农业机械 生产试验方法

GB/T 5748 作业场所空气中粉尘测定方法

GB/T 9480 农林拖拉机和机械、草坪和园艺动力机械 使用说明书编写规则

GB 10396 农林拖拉机和机械、草坪和园艺动力机械 安全标志和危险图形 总则

GB/T 13306 标牌

GB 23821 机械安全 防止上下肢触及危险区的安全距离

JB/T 9832.2—1999 农林拖拉机及机具 漆膜 附着性能测定方法 压切法

3 基本要求

3.1 质量评价所需的文件资料

对种子初清机进行质量评价所需提供的文件资料应包括:

a) 产品规格确认表(见附录A);

b) 企业产品执行标准或产品制造验收技术条件;

c) 产品使用说明书;

d) 三包凭证;

e) 样机照片(正前方、正后方、正前方两侧45°各1张)。

3.2 主要技术参数核对与测量

依据产品使用说明书、铭牌和其他技术文件,对样机的主要技术参数按表1进行核对或测量。

表1 核测项目与方法

序号	核测项目		单位	方法
1	规格型号		—	核对
2	整机质量		kg	核对
3	外形尺寸(长×宽×高)		mm	测量
4	配套动力		kW	核对
5	喂入装置	喂入类型	—	核对
		喂入斗容积	cm³	测量
		喂入斗距地面高度	mm	测量

表1（续）

序号	核测项目		单位	方法
6	初清装置	圆筒筛 — 类型	—	核对
		圆筒筛 — 筛子尺寸(长×直径)	mm	测量
		圆筒筛 — 筛孔型式及大小	mm	核对
		圆筒筛 — 转速	r/min	测量
		圆筒筛 — 数量	个	核对
		平面筛 — 类型	—	核对
		平面筛 — 筛子尺寸(长×宽)	mm	测量
		平面筛 — 筛片型式及大小	mm	核对
		平面筛 — 频率	Hz	测量
		平面筛 — 层数	层	核对
		清筛机构 — 类型	—	核对
		清筛机构 — 频率	Hz	测量
		清筛机构 — 振幅	mm	测量
		清筛机构 — 球数	个	核对
		风选装置 — 风机类型	—	核对
		风选装置 — 叶轮尺寸(直径×宽度)	mm	测量
		风选装置 — 风机转速	r/min	测量

3.3 试验条件

3.3.1 试验场地应平整、宽敞,并通风良好。

3.3.2 试验样机配套动力应符合产品使用说明书的规定。试验电压与额定工作电压的偏差不超过额定工作电压的±5%。

3.3.3 试验物料应根据产品使用说明书规定,选择小麦或玉米种子。试验用种子应是同一产地、同一收获期的同品种、质量基本一致的种子。其原始净度应不大于85%,原始含水率应不大于14%。

3.3.4 试验样机应按使用说明书的要求调整至正常工作状态后方可进行试验。

3.4 主要仪器设备

试验用仪器设备应经过计量检定或校准且在有效期内。仪器设备的测量范围应符合表2的规定,准确度要求应不低于表2的规定。

表2 主要仪器设备测量范围和准确度要求

序号	被测参数名称	测量范围	准确度要求
1	长度	0 m～5 m	1 mm
2	质量	0 g～200 g	0.000 1 g
		0 g～2 000 g	0.1 g
		0 kg～100 kg	50 g
3	时间	0 min～30 min	0.01 s
		0 h～24 h	0.5 s/d
4	噪声	30 dB(A)～130 dB(A)	0.5 dB(A)
5	温度	−50℃～150℃	0.5℃
6	耗电量	0 kW·h～100 kW·h	1%
7	粉尘浓度	0 mg/m³～100 mg/m³	1%
8	电阻	0 MΩ～200 MΩ	2.5 级
9	速度	1 m/s～30 m/s	0.1 m/s

4 质量要求

4.1 性能要求

在满足 3.3 试验条件下,种子初清机的性能指标应符合表 3 的规定。

表 3 性能指标要求

序号	项 目	质量指标	对应的检测方法条款号
1	纯工作小时生产率,t/h	达到设计要求	5.1.2
2	千瓦小时生产率[a],t/(kW·h)	≥2.0	5.1.3
3	获选率,%	≥98	5.1.4
4	净度,%	≥95	5.1.5
5	发芽率,%	高于选前	5.1.5
6	噪声,dB(A)	≤85	5.1.6
7	粉尘浓度[b],mg/m³	≤10	5.1.7
8	轴承温升,℃	≤25	5.1.8
[a] 当机具带除尘装置时指标允许降低 1/3。			
[b] 单机使用时应配有除尘装置。			

4.2 安全要求

4.2.1 产品使用说明书中应规定安全操作规程和安全注意事项。

4.2.2 外露运动件及喂料口应有防护装置。安全防护装置应能保证人体任何部位不会触及转动部件,并不妨碍机器操作、保养和观察。安全防护距离应符合 GB 23821 的规定。

4.2.3 影响人身安全的外露运动件及喂料口部位应有符合 GB 10396 要求的安全标志,警示标志至少应有"作业时,不得打开或拆下防护装置""作业时手不可伸入运动部件"。电控柜应有醒目的防触电安全标志,操纵按钮处应用中文文字或符号标志标明用途。

4.2.4 电控柜及机体应有标接地符号的接地装置,该装置不应另作其他用途。电器装置应有过载保护装置和漏电保护装置。各电动机接线端子与机体间的绝缘电阻应不小于 1 MΩ。

4.3 装配质量

4.3.1 各紧固件、连接件应牢固可靠不松动。

4.3.2 各运转件应转动灵活、平稳,不应有异常振动、声响及卡滞现象。

4.4 外观质量

4.4.1 整机表面应平整光滑,不应有碰伤、划伤痕迹及制造缺陷。

4.4.2 铆合牢固。焊缝均匀、牢固,不得烧穿、漏焊、脱焊,焊点外溢金属应清除,无锐角。

4.5 涂漆质量

4.5.1 涂漆表面应色泽均匀,不应有露底、起泡、起皱、流挂现象。

4.5.2 漆膜附着力应符合 JB/T 9832.2—1999 中表 1 规定的 Ⅱ 级或 Ⅱ 级以上要求。

4.6 操作方便性

4.6.1 各操纵机构及控制按钮等位置应设置合理,且应灵活、可靠。

4.6.2 各注油孔的位置应设计合理,保养时不受其他部件妨碍。

4.6.3 筛箱或滚筒内部应便于清理,不应有难以清除残留物的死角。

4.6.4 上料和卸料不应受其他部件妨碍。

4.6.5 易损件应换装方便。

4.7 使用有效度

种子初清机使用有效度应不小于94%。如果发生重大质量故障,生产试验不再继续进行,可靠性评价结果为不合格。重大质量故障是指危及人身和设备安全,引起电机报废,造成重大经济损失的故障,以及主要零部件(电机、风机等)严重损坏,难以正常作业,需解体停机检修的故障。

4.8 使用说明书

使用说明书的编制应符合GB/T 9480的要求,其内容至少应包括:

a) 安全注意事项,复现安全警示标志,明示粘贴位置;

b) 主要用途和适用范围;

c) 产品执行标准代号及配套动力、生产率等主要技术参数,产品结构特征及工作原理;

d) 正确的安装与调试方法及操作说明;

e) 维护与保养要求;

f) 常见故障及排除方法;

g) 易损件清单。

4.9 三包凭证

种子初清机应有三包凭证,其内容至少应包括:

a) 产品名称、型号、规格、出厂编号、购买日期;

b) 生产企业名称、地址、邮政编码、售后服务联系电话;

c) 修理者名称、地址、邮政编码和电话;

d) 整机三包有效期应不少于1年;

e) 主要零部件三包有效期应不少于1年;

f) 主要零部件清单;

g) 销售记录表、修理记录表;

h) 不实行三包的情况说明。

4.10 铭牌

铭牌应固定在机器的明显位置,其规格、材质应符合GB/T 13306的要求,其内容至少应包括:

a) 产品型号名称;

b) 生产企业名称及地址;

c) 配套动力;

d) 生产率;

e) 生产日期;

f) 产品编号;

g) 产品标准执行代号。

5 检测方法

5.1 性能试验

5.1.1 试验要求

5.1.1.1 按照GB/T 3543.2的规定扦样、分样。按照GB/T 5262的规定测定原始物料的几何尺寸、容积质量、千(百)粒重、含水率、净度、破碎率。按照GB/T 3543.4的规定测定发芽率。

5.1.1.2 空运转结束后,将生产率调整到设计值±5%的范围内。

5.1.1.3 在机器进入正常工作状态5 min后进行性能试验,性能试验应不少于3次,每次试验时间不少于10 min,记录试验时间和耗电量,称量各排出口的物料质量。

5.1.1.4 每次性能试验后,将各杂口排出物混合均匀,分别在主排出口排出物和杂口混合物中各随机取样1 000 g。

5.1.2 纯工作小时生产率测定

依据 5.1.1.3 中测量结果,按式(1)计算纯工作小时生产率,取平均值。

$$E_c = \frac{\sum W}{1000 T_c} \quad\text{……………………………………………………} (1)$$

式中:

E_c ——纯工作小时生产率,单位为吨每小时(t/h);

W ——测定时间内各排出口排出物质量,单位为千克(kg);

T_c ——测定时间,单位为小时(h)。

5.1.3 千瓦小时生产率测定

依据 5.1.1.3 中测量结果,按式(2)计算千瓦小时生产率,取平均值。

$$E_q = \frac{\sum W}{1000 D} \quad\text{……………………………………………………} (2)$$

式中:

E_q ——千瓦小时生产率,单位为吨每千瓦时[t/(kW·h)];

D ——测定时间内耗电量,单位为千瓦时(kW·h)。

5.1.4 获选率测定

按照 5.1.1.3 取样方法,分别将主排出口和排杂口混合物样品中的种子挑选出来称量,计算各样品中种子占样品质量的百分数,按式(3)计算获选率,并取平均值。

$$H = \frac{W_1 P_1}{W_1 P_1 + W_2 P_2} \times 100 \quad\text{………………………………………} (3)$$

式中:

H ——获选率,单位为百分率(%);

W_1 ——主排出口排出物质量,单位为千克(kg);

P_1 ——主排出口样品中种子占样品质量的百分数,单位为百分率(%);

W_2 ——排杂口混合物质量,单位为千克(kg);

P_2 ——排杂口混合物样品中种子占样品质量的百分数,单位为百分率(%)。

5.1.5 净度和发芽率测定

将 5.1.1.4 的样品混合均匀,按照 GB/T 5262 的规定测定净度,按照 GB/T 3543.4 的规定测定发芽率。

5.1.6 噪声测定

正常工作时,在样机四周距样机表面 1 m,离地面高 1.5 m 处,前、后、左、右 4 个方向测量噪声值(测量 A 计权声压级,用慢挡进行测量)。取各点噪声平均值为最后测定结果。并根据测定的背景噪声按照 GB/T 3768 的规定进行修正。

5.1.7 粉尘浓度测定

试验开始 5 min 后,在距地面 1.5 m 的操作位置处按照 GB/T 5748 的规定测量 3 次,计算平均值。

5.1.8 轴承温升测定

空运转 30 min 后,测量 3 次主轴各轴承座外壳试验前后温度并计算差值,取最大差值。

5.2 安全性检查

5.2.1 测量各电动机接线端子与机体间的绝缘电阻值。

5.2.2 按照 4.2 的规定逐项检查是否符合要求,其中任一项不合格,判安全要求不合格。

5.3 装配质量检查

按照 4.3 的规定目测逐项检查是否符合要求,其中任一项不合格,判装配质量不合格。

5.4 外观质量检查

按照4.4的规定目测逐项检查是否符合要求,其中任一项不合格,判外观质量不合格。

5.5 漆膜附着力检查

在样机表面任选3处,按照JB/T 9832.2—1999的规定进行检查。

5.6 操作方便性检查

按照4.6的规定逐项检查是否符合要求,其中任一项不合格,判操作方便性不合格。

5.7 使用有效度测定

按照GB/T 5667的规定进行生产考核,考核时间120 h。按式(4)计算使用有效度。

$$K = \frac{\sum T_z}{\sum T_g + \sum T_z} \times 100 \quad\cdots\cdots\cdots\cdots\cdots\cdots\cdots\cdots\cdots\cdots\cdots\cdots\cdots \quad (4)$$

式中:

K ——使用有效度,单位为百分率(%);

T_z ——生产考核期间每班次作业时间,单位为小时(h);

T_g ——生产考核期间每班次故障时间,单位为小时(h)。

5.8 使用说明书审查

按照4.8的规定逐项审查是否符合要求,其中任一项不合格,判使用说明书不合格。

5.9 三包凭证审查

按照4.9的规定逐项审查是否符合要求,其中任一项不合格,判三包凭证不合格。

5.10 铭牌检查

按照4.10的规定逐项检查是否符合要求,其中任一项不合格,判铭牌不合格。

6 检验规则

6.1 不合格项目分类

检验项目按其对产品质量影响的程度分为A、B、C三类,不合格项目分类见表4。

表4 检验项目及不合格分类表

类别	序号	检验项目	对应质量要求的条款
A	1	安全要求	4.2
	2	净度	4.1
	3	噪声	4.1
	4	粉尘浓度	4.1
	5	使用有效度	4.7
B	1	纯工作小时生产率	4.1
	2	千瓦小时生产率	4.1
	3	发芽率	4.1
	4	获选率	4.1
	5	装配质量	4.3
C	1	轴承温升	4.1
	2	外观质量	4.4
	3	漆膜附着力	4.5
	4	操作方便性	4.6
	5	使用说明书	4.8
	6	三包凭证	4.9
	7	铭牌	4.10

6.2 抽样方案

抽样方案按照 GB/T 2828.11—2008 中表 B.1 的规定制订,见表5。

表5 抽样方案

检验水平	O
声称质量水平(DQL)	1
核查总体(N)	10
样本量(n)	1
不合格品限定数(L)	0

6.3 抽样方法

根据抽样方案确定,抽样基数为10台,被检样机为1台,样机在生产企业生产的合格产品中随机抽取(其中,在用户中和销售部门抽样时不受抽样基数限制)。样机应是一年内生产的产品。

6.4 判定规则

6.4.1 样机合格判定

对样机的 A、B、C 各类检验项目进行逐一检验和判定,当 A 类不合格项目数为0,B 类不合格项目数不超过1时,C 类不合格项目数不超过2时,判定样机为合格品;否则,判定样机为不合格品。

6.4.2 综合判定

若样机为合格品(即样机的不合格品数不大于不合格品限定数),则判通过;若样机为不合格品(即样机的不合格品数大于不合格品限定数),则判不通过。

附　录　A
（规范性附录）
产品规格确认表

产品规格确认表见表 A.1。

表 A.1　产品规格确认表

序 号	项　　目			单位	设计值
1	规格型号			—	
2	整机质量			kg	
3	外形尺寸(长×宽×高)			mm	
4	配套动力			kW	
5	喂入装置	喂入类型		—	
		喂入斗容积		cm³	
		喂入斗距地面高度		mm	
		线速度或气流速度		m/s	
6	初清装置	圆筒筛	类型	—	
			筛子尺寸(长×直径)	mm	
			筛孔型式及大小	mm	
			转速	r/min	
			数量	个	
		平面筛	类型	—	
			筛子尺寸(长×宽)	mm	
			筛片型式及大小	mm	
			频率	Hz	
			层次	层	
		清筛机构	类型	—	
			频率	Hz	
			振幅	mm	
			球数	个	
		风选装置	风机类型	—	
			叶轮(直径×宽)	mm	
			风机转速	r/min	
			风压	Pa	
			风速	m/s	

ICS 65.060.99
B 91

中华人民共和国农业行业标准

NY/T 371—2017
代替 NY/T 371—1999

种子用计量包装机 质量评价技术规范

Seed metering and packing machines—
Technical specification of quality evaluation

2017-12-22 发布

2018-06-01 实施

中华人民共和国农业部 发布

前　言

本标准按照 GB/T 1.1—2009 给出的规则起草。

本标准代替 NY/T 371—1999《种子用计量包装机试验鉴定方法》。与 NY/T 371—1999 相比,除编辑性修改外主要变化如下:

——修改了标准名称;

——修改了标准的总体结构;

——修改了规范性引用文件;

——增加了术语和定义;

——增加了基本要求;

——删除了一等品、优等品的相关内容;

——修改了试验用仪器设备的要求;

——修改了试验条件、试验要求;

——增加了包装件封口外观质量、封缄质量、装配质量、外观质量、操作方便性、三包凭证、铭牌的要求及检测方法;

——修改了检验规则;

——修改了不合格分类及判定规则;

——增加了产品规格确认表。

本标准由农业部农业机械化管理司提出。

本标准由全国农业机械标准化技术委员会农业机械化分技术委员会(SAC/TC 201/SC 2)归口。

本标准起草单位:黑龙江省农业机械试验鉴定站。

本标准主要起草人:吕明杰、孙德超、陈治文、李艳杰、姜阿利。

本标准所代替标准的历次版本发布情况为:

——NY/T 371—1999。

种子用计量包装机　质量评价技术规范

1　范围

本标准规定了种子用计量包装机的术语和定义、基本要求、质量要求、检测方法和检验规则。

本标准适用于净含量在100 g～25 000 g范围内的颗粒状种子用计量包装机(以下简称"包装机")的质量评定。

2　规范性引用文件

下列文件对于本文件的应用是必不可少的。凡是注日期的引用文件,仅注日期的版本适用于本文件。凡是不注日期的引用文件,其最新版本(包括所有的修改单)适用于本文件。

GB/T 2828.11—2008　计数抽样检验程序　第11部分:小总体声称质量水平的评定程序

GB 2894　安全标志及其使用导则

GB/T 5667　农业机械　生产试验方法

GB/T 9480　农林拖拉机和机械、草坪和园艺动力机械　使用说明书编写规则

GB/T 13306　标牌

JB/T 7232　包装机械　噪声声功率级的测定　简易法

JB 7233　包装机械　安全要求

JB/T 9832.2—1999　农林拖拉机及机具　漆膜　附着性能测定方法　压切法

3　术语和定义

下列术语和定义适用于本文件。

3.1

计量包装　quantitative packing

在一定的量限范围内,能满足一定计量精度要求的包装。

3.2

净含量　net content

除去包装容器和其他材料后内装种子的量。

4　基本要求

4.1　质量评价所需的文件资料

对包装机进行质量评价所需提供的文件资料应包括:

a)　产品规格确认表(见附录A);

b)　企业产品执行标准或产品制造验收技术条件;

c)　产品使用说明书;

d)　三包凭证;

e)　样机照片(正前方、正后方、正前方两侧45°各1张)。

4.2　主要技术参数核对与测量

依据产品使用说明书、铭牌和其他技术文件,对样机的主要技术参数按表1进行核对或测量。

NY/T 371—2017

表 1　核测项目与方法

序号	核测项目	单位	方法
1	型号	—	核对
2	结构型式	—	核对
3	工作状态外形尺寸(长×宽×高)	mm	测量
4	包装机整机质量	kg	核对
5	称量范围	kg	核对

4.3　试验条件

4.3.1　包装环境应清洁、通风良好、光线充足。环境温度应在－10℃～40℃范围内。

4.3.2　试验样机应按产品使用说明书调整到正常工作状态。

4.3.3　试验电压为 220 V 或 380 V,偏差在±5％以内。

4.3.4　包装材料应不易破碎,便于装填、封缄。

4.3.5　试验用种子在包装前应经清选处理。

4.4　主要仪器设备

试验用仪器设备应经过计量检定或校准且在有效期内。仪器设备的测量范围应符合表 2 的规定,准确度要求应不低于表 2 的规定。

表 2　主要仪器设备测量范围和准确度要求

序号	被测参数名称	测量范围	准确度要求
1	长度	0 m～5 m	1 mm
2	质量	0 kg～30 kg	0.1 g
3	时间	0 h～24 h	1 s/d
4	温度	－50℃～150℃	1％
5	噪声	40 dB(A)～120 dB(A)	2 级
6	电阻	0 MΩ～200 MΩ	2.5 级
7	涂层厚度	0 μm～500 μm	2％

5　质量要求

5.1　性能指标要求

在满足 4.3 试验条件下,包装机主要性能指标应符合表 3 的规定。

表 3　性能指标要求

序号	项　　目		质量指标	对应的检测方法条款号
1	净含量偏差		≤0.5％	6.1.5
2	包装件封口外观质量	塑料编织袋	缝合部位应线迹平整,松紧适度,无脱针、断线	6.1.6
		塑料薄膜袋 复合薄膜袋	热封部位应平整,无皱,无虚封	
		纸袋	粘合部位应平整,无皱,无脱胶	
3	封缄质量	塑料编织袋	应封缄严密,进行跌落试验后,封口完好无破损	6.1.7
		塑料薄膜袋 复合薄膜袋		
		纸袋		
4	噪声,dB(A)		≤75	6.1.3
5	生产率,袋/h		达到产品明示值	6.1.2

5.2　安全要求

26

5.2.1 安全防护

5.2.1.1 包装机的安全防护应符合 JB 7233 的要求。

5.2.1.2 包装机带电端子和机体之间的绝缘电阻应不小于 1 MΩ。

5.2.2 安全信息

5.2.2.1 包装机接地端子处应有接地标志。

5.2.2.2 包装机封口部位应有安全标志,安全标志应符合 GB 2894 的要求。

5.2.2.3 包装机控制箱控制按钮应用中文或符号标明用途。

5.3 外观与装配质量

5.3.1 涂漆或喷塑层应平整光滑、色泽均匀,无明显的划痕、污浊、流痕、起泡、修补痕迹等缺陷。

5.3.2 电镀件应色泽均匀,无起泡、起层、斑点、锈蚀等缺陷。

5.3.3 涂层附着力应达到 JB/T 9832.2—1999 中表 1 规定的Ⅱ级或Ⅱ级以上要求。

5.3.4 涂层厚度应不低于 45 μm。

5.3.5 称量传感器安装应水平。

5.3.6 称量装置控制门开启和关闭应到位,无卡滞现象。

5.3.7 料斗、导种管等与种子接触的内壁应光洁、平整、无死角。

5.4 使用有效度

包装机的使用有效度应不小于 95%。如果发生重大质量故障,生产试验不再继续进行,可靠性评价结果为不合格。重大质量故障是指危及人身和设备安全、引起电机报废、造成重大经济损失的故障,以及主要零部件严重损坏、难以正常作业、需解体检修的故障。

5.5 使用说明书

使用说明书的编制应符合 GB/T 9480 的要求,其内容至少应包括:

    a) 安全注意事项,复现安全警示标识,明示粘贴位置;

    b) 主要用途和适用范围;

    c) 产品执行标准代号及主要技术参数,产品结构特征及工作原理;

    d) 正确的安装与调试方法及操作说明;

    e) 维护与保养要求;

    f) 常见故障及排除方法;

    g) 易损件清单。

5.6 三包凭证

包装机应有三包凭证,其内容至少应包括:

    a) 产品名称、型号、规格、出厂编号、购买日期;

    b) 生产企业名称、地址、邮政编码、售后服务联系电话;

    c) 修理者名称、地址、邮政编码和电话;

    d) 整机三包有效期应不少于 1 年;

    e) 主要零部件三包有效期应不少于 1 年;

    f) 主要零部件清单;

    g) 销售记录表、修理记录表;

    h) 不实行三包的情况说明。

5.7 铭牌

铭牌应固定在机器的明显位置,其规格、材质应符合 GB/T 13306 的要求。其内容至少应包括:

    a) 产品型号名称;

   b) 生产企业名称及地址；

   c) 称量范围；

   d) 生产率；

   e) 生产日期；

   f) 产品编号；

   g) 产品标准执行代号。

6 检测方法

6.1 性能试验

6.1.1 试验要求

6.1.1.1 按使用说明书规定的适用范围选择试验用种子品种和包装袋材料，如适用种子品种为小麦、水稻、玉米等种子时，可任选其中一种作为试验物料，如包装袋材料为塑料编织袋、塑料薄膜袋、复合薄膜袋、纸袋，可选择其中一种进行试验。

6.1.1.2 空运转试验 10 min，检查各运动零部件是否正常、平稳，气路密封是否漏气。

6.1.1.3 空运转结束后，可按使用说明书的规定对样机进行调试，使样机达到正常工作状态，调试时间应不超过 10 min。

6.1.1.4 样机调试正常后，开始负载试验。

6.1.2 生产率测定

负载试验开始 10 min 后，按每次连续包装 20 袋为一组，共测 3 组，每组间隔 10 min，分别测出 3 组的包装时间，按式(1)计算生产率。

$$V = \frac{20 \times 3 \times 60}{t_1 + t_2 + t_3} \quad\cdots\cdots\cdots\cdots\cdots\cdots\cdots\cdots\cdots\cdots\cdots\cdots\cdots\cdots\cdots\cdots\cdots\cdots (1)$$

式中：

V ——生产率，单位为袋每小时（袋/h）；

t_1 ——第一组包装时间，单位为分钟（min）；

t_2 ——第二组包装时间，单位为分钟（min）；

t_3 ——第三组包装时间，单位为分钟（min）。

6.1.3 噪声测定

在生产率测定的同时，按照 JB/T 7232 的规定进行噪声测定。

6.1.4 取样

在生产率测定过程中包装的成品包装件中随机抽取两组，每组 10 袋，其中，第一组用于净含量偏差测定，第二组用于包装件封口外观质量和封缄质量检查。

6.1.5 净含量偏差测定

将抽取的第一组成品包装件内的种子倒出，分别称量其质量（或数出粒数），按式(2)、式(3)计算净含量偏差。

$$\overline{M} = \frac{\sum M_i}{10} \quad\cdots\cdots\cdots\cdots\cdots\cdots\cdots\cdots\cdots\cdots\cdots\cdots\cdots\cdots\cdots\cdots (2)$$

式中：

$\overline{M}$ ——包装件内的种子质量（或粒数）平均值，单位为千克（kg）或粒；

M_i ——每袋包装件内的实际种子质量（或粒数），单位为千克（kg）或粒。

$$Q = \frac{|M - \overline{M}|}{M} \times 100 \quad\cdots\cdots\cdots\cdots\cdots\cdots\cdots\cdots\cdots\cdots\cdots\cdots\cdots (3)$$

式中：

Q——净含量偏差，单位为百分率（%）；

M——标注的种子质量（或粒数），单位为千克（kg）或粒。

6.1.6 包装件封口外观质量检查

通过目测分别对抽取的第二组成品包装件中的每件成品进行检查。

6.1.7 封缄质量检查

对封口外观质量检查后的成品包装件分别进行跌落试验。成品包装件的正面、侧面和底面分别朝下跌落试验1次。在距平坦的水泥地面高800 mm处，将包装袋自由跌落至地面。

6.2 安全性检查

6.2.1 按照JB 7233的规定检查安全防护。

6.2.2 用绝缘电阻测量仪施加500 V电压，测量各接线端子与机体之间的绝缘电阻。

6.2.3 检查样机是否符合5.2.2的要求。

6.3 外观质量检查

目测检查样机是否符合5.3.1和5.3.2的要求。

6.4 涂层附着力检查

在样机表面随机选取3处，按照JB/T 9832.2—1999的规定进行检查。

6.5 涂层厚度检查

在样机表面随机选取3处，测量涂层厚度，取最小值为测量结果。

6.6 装配质量检查

在试验过程中，观察样机是否符合5.3.5、5.3.6和5.3.7的要求。

6.7 使用有效度测定

按照GB/T 5667的规定进行生产考核，考核班次总时间应不少于100 h。按式（4）计算使用有效度。

$$K = \frac{\sum T_z}{\sum T_z + \sum T_g} \times 100 \quad\cdots\cdots (4)$$

式中：

K——使用有效度，单位为百分率（%）；

T_z——生产考核期间的班次作业时间，单位为小时（h）；

T_g——生产考核期间每班次的故障时间，单位为小时（h）。

6.8 使用说明书审查

按照5.5的规定逐项检查是否符合要求，其中任一项不合格，判使用说明书不合格。

6.9 三包凭证审查

按照5.6的规定逐项检查是否符合要求，其中任一项不合格，判三包凭证不合格。

6.10 铭牌检查

按照5.7的规定逐项检查是否符合要求，其中任一项不合格，判铭牌不合格。

7 检验规则

7.1 不合格项目分类

检验项目按其对产品质量影响程度分为A、B两类。不合格项目分类见表4。

表 4　检验项目及不合格项目分类

类别	序号	检验项目	对应质量要求的条款
A	1	安全要求	5.2
	2	净含量偏差	5.1
	3	包装件封口外观质量	5.1
	4	封缄质量	5.1
	5	噪声	5.1
	6	使用有效度	5.4
B	1	生产率	5.1
	2	装配质量	5.3
	3	外观质量	5.3
	4	涂层附着力	5.3
	5	涂层厚度	5.3
	6	使用说明书	5.5
	7	三包凭证	5.6
	8	铭牌	5.7

7.2　抽样方案

抽样方案按照 GB/T 2828.11—2008 中表 B.1 的规定制订,见表5。

表 5　抽样方案

检　验　水　平	O
声称质量水平(DQL)	1
核查总体(N)	10
样本量(n)	1
不合格品限定数(L)	0

7.3　抽样方法

根据抽样方案确定,抽样基数为 10 台,被检样机为 1 台,样机在生产企业生产的合格产品中随机抽取(其中,在用户中和销售部门抽样时不受抽样基数限制)。样机应是一年内生产的产品。

7.4　判定规则

7.4.1　样品合格判定

对样机的 A、B 各类检验项目进行逐一检验和判定,当 A 类不合格项目数为 0、B 类不合格项目数不超过 1 时,判定样机为合格产品;否则,判定样机为不合格产品。

7.4.2　综合判定

若样机为合格品(即样机的不合格品数不大于不合格品限定数),则判通过;若样机为不合格品(即样机的不合格品数大于不合格品限定数),则判不通过。

附　录　A

（规范性附录）

产品规格确认表

产品规格确认表见表 A.1。

表 A.1　产品规格确认表

序号	项　　目	单位	设计值
1	型号	—	
2	结构型式	—	
3	外形尺寸(长×宽×高)	mm	
4	包装机整机质量	kg	
5	称量范围	kg	
备注			

ICS 65.060.20
B 91

中华人民共和国农业行业标准

NY/T 645—2017
代替 NY/T 645—2002

玉米收获机　质量评价技术规范

Corn harvesters—Technical specification of quality evaluation

2017-12-22 发布

2018-06-01 实施

中华人民共和国农业部 发布

前　言

本标准按照 GB/T 1.1—2009 给出的规则起草。

本标准代替 NY/T 645—2002《玉米收获机　质量评价技术规范》。与 NY/T 645—2002 相比,除编辑性修改外主要技术变化如下:

——增加了质量评价所需的文件资料、产品规格确认表、检验用仪器设备测量范围和准确度等基本要求;

——增加了总损失率,删除了籽粒损失率和果穗损失率;

——增加了籽粒收获方式玉米收获机籽粒破碎率和籽粒含杂率;

——增加了秸秆抛撒不均匀度、调整了果穗含杂率指标;

——调整了安全要求内容;

——调整了环境噪声限值、耳位噪声限值;

——增加了使用有效度及测定方法,删除了可靠性;

——删除了割台下降速度指标、调整了割台提升速度指标,增加了部件不平衡量检查;

——增加了操纵方便性检查;

——调整了使用说明书检查内容;

——增加了三包凭证检查;

——修改了作业性能检测方法;

——增加了附录 A。

本标准由农业部农业机械化管理司提出。

本标准由全国农业机械标准化技术委员会农业机械化分技术委员会(SAC/TC 201/SC 2)归口。

本标准起草单位:河北省农业机械鉴定站。

本标准主要起草人:封伟、赵金山、张彦奇、王修宇、史建新、齐绍柠、宋兴龙、李晓东。

本标准所代替标准的历次版本发布情况为:

——NY/T 645—2002。

玉米收获机 质量评价技术规范

1 范围

本标准规定了玉米收获机的基本要求、质量要求、检测方法和检验规则。

本标准适用于自走式、悬挂式、牵引式玉米收获机的质量评定。

2 规范性引用文件

下列文件对于本文件的应用是必不可少的。凡是注日期的引用文件,仅注日期的版本适用于本文件。凡是不注日期的引用文件,其最新版本(包括所有的修改单)适用于本文件。

GB/T 2828.11—2008 计数抽样检验程序 第11部分:小总体声称质量水平的评定程序

GB/T 5262 农业机械试验条件 测定方法的一般规定

GB/T 9239.1—2006 机械振动 恒态(刚性)转子平衡品质要求 第1部分:规范与平衡允差的检验

GB/T 9480 农林拖拉机和机械、草坪和园艺动力机械 使用说明书编写规则

GB 10395.1 农林机械 安全 第1部分:总则

GB 10395.7 农林拖拉机和机械 安全技术要求 第7部分:联合收割机、饲料和棉花收获机

GB 10396 农林拖拉机和机械、草坪和园艺动力机械 安全标志和危险图形 总则

GB/T 13306 标牌

GB/T 14248 收获机械 制动性能测定方法

GB/T 21961—2008 玉米收获机械 试验方法

GB 23821 机械安全 防止上下肢触及危险区的安全距离

JB/T 6268 自走式收获机械 噪声测定方法

JB/T 7316 谷物联合收割机 液压系统 试验方法

JB/T 9832.2 农林拖拉机及机具 漆膜附着性能测定方法 压切法

3 术语和定义

GB/T 6979.1、GB/T 21961—2008界定的术语和定义适用于本文件。

4 基本要求

4.1 质量评价所需的文件资料

对玉米收获机进行质量评价所需的文件资料应包括:

a) 产品规格确认表(见附录A);

b) 产品执行标准或产品制造验收技术文件;

c) 产品使用说明书;

d) 三包凭证;

e) 样机照片(正前方、正后方、正前方两侧45°各1张)。

4.2 主要技术参数核对与测量

依据产品使用说明书、铭牌和其他技术文件,对样机的主要技术参数按表1进行核对或测量。

表 1 核测项目与方法

序号	核测项目		单位	方法
1	型号			核对
2	结构型式			核对
3	配套发动机(或拖拉机)	型号规格		核对
		额定功率	kW	核对
		额定转速	r/min	核对
4	工作状态外形尺寸(长×宽×高)		mm	测量
5	使用质量		kg	测量
6	工作行数		行	核对
7	摘穗道中心距		mm	测量
8	工作幅宽		mm	测量
9	最大卸果穗高度		mm	测量
10	最小离地间隙		mm	测量
11	最小通过半径	左转	mm	测量
		右转		测量
12	理论作业速度		km/h	核对
13	生产率		hm²/h	核对
14	单位面积燃油消耗量		kg/hm²	核对
15	摘穗机构型式			核对
16	剥皮辊型式			核对
17	割刀型式			核对
18	脱粒滚筒/切碎滚筒	型式		核对
		尺寸(外径×长度)	mm	测量
		数量	个	核对
19	风扇	型式		核对
		直径	mm	测量
		数量	个	核对
20	凹板筛型式			核对
21	变速箱类型			核对
22	轴距		mm	测量
23	轮距	导向轮	mm	测量
		驱动轮		测量
24	轮胎规格	导向轮		核对
		驱动轮		核对
25	履带	规格(节距×节数×宽度)		测量
		轨距	mm	测量
26	秸秆切碎机构	型式		核对
		工作幅宽	mm	测量
27	秸秆粉碎还田机	型式		核对
		工作幅宽	mm	测量

4.3 试验条件

4.3.1 性能试验用地应平坦,无障碍物,地表条件符合使用说明书要求;试验地的面积能满足全部性能试验项目检测的需要。

4.3.2 作物成熟且适宜作业,长势应均匀,种植行距(垄距)与使用说明书相适应;作物表面无明水,籽粒含水率为 15%～35%(适用于果穗收获方式)、籽粒含水率为 15%～25%(适用于籽粒收获方式),果穗下垂率低于 15%(籽粒收获方式不受此限),最低结穗高度不低于 35 cm(悬挂式玉米收获机不低于 50 cm),无倒伏。

4.3.3 试验样机的技术状态应良好,试验开始前允许按照使用说明书的规定对样机进行调整和保养;悬挂式、牵引式玉米收获机试验配套动力应选择不大于使用说明书明示上限功率值的 80%或明示值下限;驾驶员的驾驶技术应熟练,试验过程中不应更换驾驶员和配套的拖拉机。

4.4 主要仪器设备

试验用仪器设备应经过计量检定或校准且在有效期内。仪器设备的测量范围和准确度要求应不低于表 2 的规定。

表 2　主要仪器设备测量范围和准确度要求

序号	被测参数名称	测量范围	准确度要求
1	长度	0 m～5 m	1 mm
		>5 m	10 mm
2	质量	0 kg～100 kg	0.05 kg
		0 kg～6 kg	0.1 g
3	时间	0 h～24 h	0.5 s/d
4	噪声	30 dB(A)～140 dB(A)	0.1 dB(A)
5	温度	0℃～50℃	1℃
6	湿度	5%～95%	3%

5　质量要求

5.1　性能要求

玉米收获机在额定作业速度下,主要性能指标应符合表 3 的规定。

表 3　性能指标要求

序号	项目	质量指标	对应的检测方法条款号
1	总损失率,%	≤4(适用于果穗收获方式) ≤5(适用于籽粒收获方式)	6.1.3
2	籽粒破碎率,%	≤1(适用于果穗收获方式) ≤5(适用于籽粒收获方式)	6.1.7
3	苞叶剥净率,%	≥85	6.1.4
4	秸秆粉碎长度合格率,%	≥85	6.1.8
5	秸秆切段长度合格率,%	≥85	6.1.9
6	留茬高度,mm	≤80	6.1.10
7	秸秆抛撒不均匀度,%	≤30	6.1.8
8	果穗含杂率,%	≤1.5(适用于果穗收获方式)	6.1.5
9	籽粒含杂率,%	≤3(适用于籽粒收获方式)	6.1.6
10	生产率,hm²/h	应达到使用说明书要求	6.1.11

5.2　安全要求

5.2.1　产品设计和结构应保证操作人员按制造单位规定的使用说明书操作和维护保养时没有危险。

5.2.2　各传动轴、带轮、链轮、传动带和链条等外露运转件均应设置符合 GB 10395.1 和 GB 10395.7 要求的安全防护装置,安全距离应符合 GB 23821 的要求。

5.2.3　在对操作、保养、维修人员有潜在危害(险)部位,如摘穗机构、输送螺旋、果穗升运器等必须外露的功能件以及驾驶台、秸秆粉碎还田机(秸秆切碎机构)、粮箱和安全防护装置等处应固定永久性的安全标志,标志的型式应符合 GB 10396 的要求。

5.2.4 使用说明书的安全使用信息应包括正常操作和维修机器所必须的安全说明,安全信息应给出适当的警示事项和安全标志;安全操作注意事项应包括:收割或切割装置等位置处会出现与其功能相关剪切危险的提示;割台固定机构使用方法;茎秆切碎器后不得站人;进入粮箱的危险;人工转动滚筒专用工具的放置位置和使用方法说明;动力源停机装置的操作要领及使用方法;蓄电池的维护或更换信息;千斤顶作用点位置信息;灭火器使用方法及放置位置。

5.2.5 操作者工作位置安全要求和尺寸应符合 GB 10395.1 和 GB 10395.7 的要求,带驾驶室的玉米收获机,其驾驶室挡风玻璃应采用安全玻璃,并设置刮水器。

5.2.6 割台、粮箱、下置式旋转工作部件及维修保养的安全要求和安全距离应符合 GB 10395.1 和 GB 10395.7 的要求。

5.2.7 关键部件紧固件等级,如发动机、滚筒、轮毂、切碎刀片等部件的固定螺栓不低于 8.8 级,螺母不低于 8 级。

5.2.8 自走式玉米收获机至少应装作业照明灯 2 只,1 只照向割台前方,1 只照向卸粮区。自走式玉米收获机还必须装前照灯 2 只、前位灯 2 只、后位灯 2 只、前转向灯 2 只、后转向灯 2 只、倒车灯 2 只、制动灯 2 只。自走式玉米收获机应安装行走、倒车喇叭和 2 只后视镜。

5.2.9 轮式自走式玉米收获机以最高行驶速度制动时(最高行驶速度大于 20 km/h 时,制动初速度为 20 km/h),制动距离不大于 6 m。自走式玉米收获机驻车制动时,轮式能可靠地停在 20%(11°18′)的干硬纵向坡道上,履带式能可靠地停在 25%(14°3′)的干硬纵向坡道上。

5.2.10 自走式玉米收获机噪声应符合表 4 的规定。

表 4 噪声指标

序号	项 目		指 标
1	环境噪声		≤87 dB(A)
2	耳位噪声	封闭驾驶室	≤85 dB(A)
		普通驾驶室	≤93 dB(A)
		无驾驶室或简易驾驶室	≤95 dB(A)

5.3 外观与装配质量

5.3.1 密封性能

玉米收获机的发动机、液压系统、传动箱不得漏油、漏水和漏气,粮箱不得漏粮。

5.3.2 空运转

在额定转速下进行 30 min 空运转试验,玉米收获机的发动机、传动、输送、摘穗、剥皮、秸秆还田、脱粒等机构应运转平稳,无异常声响。

5.3.3 温升

空运转试验后,齿轮箱体、轴承座不应有严重的发热现象,其温升应不大于 25℃。

5.3.4 割台升降性能

5.3.4.1 割台提升速度

割台提升速度应不小于 0.2 m/s。

5.3.4.2 割台静沉降

静沉降应不大于 15 mm。

5.3.5 离地间隙

自走式应不小于 250 mm,悬挂式、牵引式应不小于 200 mm。

5.3.6 涂层质量

涂层质量应符合表5的规定。

表5 涂层质量指标

序号	项 目	指 标
1	表面质量	色泽均匀,平整光滑,无露底、起泡、起皱
2	涂层厚度,μm	≥35
3	涂层附着力	Ⅱ级以上(3处)

5.3.7 焊接质量

焊接部位焊缝应平整光滑,不应有烧穿、漏焊、脱焊等缺陷。

5.3.8 部件不平衡量

还田刀辊或切碎滚筒、脱粒滚筒应进行动平衡试验,不平衡量不大于 GB/T 9239.1—2006 中 G6.3 级的规定。

5.4 使用有效度

玉米收获机的使用有效度应不小于 93%。

5.5 操纵方便性

5.5.1 各操纵机构应灵活、有效。

5.5.2 各张紧、调节机构应可靠,调整方便。

5.5.3 离合器结合应平稳、可靠,分离完全彻底。

5.5.4 自走式收获机换挡应灵活、可靠,无卡滞现象。

5.5.5 保养点设置应合理,便于操作,保养点数应合理。

5.5.6 换装易损件应方便。

5.5.7 自走式收获机的结构应能保证由驾驶员一人操纵,驾驶方便舒适。

5.6 使用说明书

使用说明书的编制应符合 GB/T 9480 的要求,其内容至少应包括:

    a) 主要技术规格及配套要求;

    b) 安全注意事项、警示标志样式及粘贴位置;

    c) 操作说明;

    d) 维护保养说明;

    e) 安装、调整的方法、数据及示意图;

    f) 常见故障及排除方法;

    g) 适用范围;

    h) 执行标准代号、名称;

    i) 结构示意图及线路图;

    j) 易损件清单;

    k) 联系方式。

5.7 三包凭证

玉米收获机应有三包凭证,其内容至少应包括:

    a) 产品品牌(如有)、型号规格、购买日期、产品编号;

    b) 生产者名称、联系地址、电话;

    c) 已经指定销售者和修理者的,应有销售者和修理者的名称、联系地址、电话、三包项目;

    d) 整机三包有效期(应不少于1年);

    e) 主要部件名称和质量保证期(应不少于2年);

f) 易损件及其他零部件质量保证期;

g) 销售记录(包括销售者、销售地点、销售日期、购机发票号码等信息);

h) 修理记录(包括送修时间、送修故障、修理情况、交货日期、换退货证明等信息);

i) 不承担三包责任的说明。

5.8 铭牌

铭牌应固定在机器的明显位置,其规格、材质应符合 GB/T 13306 的要求,其内容至少应包括:

a) 型号及名称;

b) 主要技术参数(配套动力、外形尺寸、使用质量、工作幅宽);

c) 出厂编号;

d) 制造日期;

e) 制造单位名称、地址;

f) 产品执行标准。

6 检测方法

6.1 作业性能

6.1.1 一般要求

性能试验选择常用的工作挡位,进行 3 个不同作业速度试验行程;试验区由稳定区、测定区和停车区组成,测定区长度应不少于 20 m,测区前应有不少于 20 m 的稳定区,测定区后应有不少于 15 m 的停车区;测定前要清除测定区和清理区(包括已割地和未割地 1 行~2 行)内的自然落粒、落穗、断离、倒伏、不成熟植株及结穗高度在 35 cm 以下的果穗;样机在稳定区和测定区内不得改变工况;检测结果取 3 个行程的平均值。

6.1.2 试验条件测定

6.1.2.1 在试验区内取 3 个测量点位进行测定。测量点位定在各试验行程的停车区,每个测量点位取 1 个作业幅宽,长度为 1 m,测量点位长度不够时可以延长。

6.1.2.2 测定株距、行距、百粒质量,方法按照 GB/T 5262 的规定进行。并记录作物品种、成熟度、种植方式等;每个测量点位连续取 10 株,分别测定每株的自然高度、最低结穗高度(植株最低果穗基部到所在垄顶面的距离)、单个果穗质量、单穗籽粒质量、单株秸秆质量(高出垄顶面 100 mm 以上、去掉果穗和果柄后的植株质量),计算平均值。

6.1.2.3 秸秆直径、果穗大端直径、植株折弯率、果穗下垂率、作物倒伏率、籽粒含水率,按照 GB/T 21961—2008 中 5.3.1 的规定进行。

6.1.2.4 地表条件、土壤条件、气象条件,测定方法按照 GB/T 21961—2008 中 5.3.2~5.3.4 的规定进行。

6.1.3 总损失率的测定

果穗收获机测定区内的籽粒总质量,允许用计算的方法折算(单穗籽粒平均质量×测定区内果穗数)。

在测定区(包括清理区)内,捡起全部落地籽粒(包括秸秆中夹带籽粒)和小于 5 cm 的碎果穗并脱粒,称其质量,按式(1)、式(2)计算落地籽粒损失率。

$$S_L = \frac{W_L}{W_z} \times 100 \qquad \cdots\cdots\cdots\cdots\cdots\cdots\cdots\cdots\cdots\cdots\cdots\cdots (1)$$

式中:

S_L ——落地籽粒损失率,单位为百分率(%);

W_L ——落地籽粒质量,单位为克(g);

W_z——籽粒总质量,单位为克(g)。

$$W_z = W_q + W_L + W_U + W_b \cdots\cdots\cdots\cdots\cdots\cdots\cdots\cdots\cdots\cdots\cdots \text{(2)}$$

式中:

W_q——从果穗升运器接取果穗籽粒和果穗夹带籽粒质量,单位为克(g);

W_U——漏摘和落地果穗脱粒后籽粒质量,单位为克(g);

W_b——苞叶夹带籽粒质量(具有苞叶夹带籽粒回收装置加上此项),单位为克(g)。

在测定区(包括清理区)内,收集起漏摘和落地的果穗(包括5 cm以上的果穗段),脱粒后称其籽粒质量,按式(3)计算落地果穗籽粒损失率。

$$S_U = \frac{W_U}{W_z} \times 100 \cdots\cdots\cdots\cdots\cdots\cdots\cdots\cdots\cdots\cdots\cdots \text{(3)}$$

式中:

S_U——落地果穗籽粒损失率,单位为百分率(%)。

总损失率按式(4)计算。

$$S = S_L + S_U \cdots\cdots\cdots\cdots\cdots\cdots\cdots\cdots\cdots\cdots\cdots\cdots \text{(4)}$$

式中:

S——总损失率,单位为百分率(%)。

6.1.4 苞叶剥净率的测定

在测定区内,从果穗升运器出口接取的果穗中,拣出苞叶多于或等于3片(超过2/3的整叶算一片)的果穗,按式(5)计算苞叶剥净率。

$$B = \frac{G - G_j}{G} \times 100 \cdots\cdots\cdots\cdots\cdots\cdots\cdots\cdots\cdots\cdots \text{(5)}$$

式中:

B ——苞叶剥净率,单位为百分率(%);

G ——接取果穗总数,单位为个;

G_j——未剥净苞叶果穗数,单位为个。

6.1.5 果穗含杂率的测定

在测定区内,接取果穗升运器的排出物,分别称出接取物总质量及杂物(包括泥土、砂石、茎叶和杂草等)质量,按式(6)计算果穗含杂率。带剥皮功能的,果穗上未剥下的苞叶不计入杂物。

$$G_n = \frac{W_n}{W_p} \times 100 \cdots\cdots\cdots\cdots\cdots\cdots\cdots\cdots\cdots\cdots \text{(6)}$$

式中:

G_n——果穗含杂率,单位为百分率(%);

W_n——杂物质量,单位为克(g);

W_p——从果穗升运器排出口接取排出物总质量,单位为克(g)。

6.1.6 籽粒含杂率的测定

在测定区内,从接粮口接取约不少于2 000 g的混合籽粒,从中选出杂质,分别称出混合籽粒质量及杂质质量,按式(7)计算籽粒含杂率。

$$Z_z = \frac{W_{zn}}{W_b} \times 100 \cdots\cdots\cdots\cdots\cdots\cdots\cdots\cdots\cdots\cdots \text{(7)}$$

式中:

Z_z ——籽粒含杂率,单位为百分率(%);

W_{zn}——杂质质量,单位为克(g);

W_b ——混合籽粒质量,单位为克(g)。

6.1.7 籽粒破碎率的测定

a) 果穗收获方式籽粒破碎率:在测定区内,从果穗箱或果穗升运器排出口接取不少于 2 000 g 的样品,脱粒清净后,拣出全部机器损伤、有明显裂纹及破皮的籽粒称重,按式(8)计算籽粒破碎率。

$$Z_s = \frac{W_s}{W_z} \times 100 \quad\cdots\cdots\cdots\cdots\cdots\cdots\cdots\cdots\cdots\cdots\cdots\cdots\cdots\cdots\cdots\cdots\cdots\cdots\cdots (8)$$

式中:

Z_s——籽粒破碎率,单位为百分率(%);

W_s——破碎籽粒质量,单位为克(g);

W_z——样品籽粒总质量,单位为克(g)。

b) 籽粒收获方式籽粒破碎率:在测定区内,从粮箱或接粮口接取约 2 000 g 的样品称重,拣出其中破碎籽粒并称重,按式(9)计算籽粒破碎率。

$$Z_s = \frac{W_s}{W_i} \times 100 \quad\cdots\cdots\cdots\cdots\cdots\cdots\cdots\cdots\cdots\cdots\cdots\cdots\cdots\cdots\cdots\cdots\cdots\cdots\cdots (9)$$

式中:

W_i——样品籽粒总质量,单位为克(g)。

6.1.8 秸秆粉碎长度合格率、秸秆抛撒不均匀度的测定(适用于带秸秆粉碎还田功能的机型)

在测定区内等间隔取 6 个测量点位,每点取 0.5 m 作业幅宽,拣拾所有秸秆(包括未割下和轧倒的秸秆)称其质量,从中挑出长度大于 100 mm 的秸秆(不含其两端的韧皮纤维)称其质量,按式(10)和式(11)计算秸秆粉碎长度合格率,按式(12)和式(13)计算秸秆抛撒不均匀度。

$$F_{ni} = \frac{M_{zi} - M_{bi}}{M_{zi}} \times 100 \quad\cdots\cdots\cdots\cdots\cdots\cdots\cdots\cdots\cdots\cdots\cdots\cdots\cdots (10)$$

式中:

F_{ni}——第 i 测点秸秆粉碎长度合格率,单位为百分率(%);

M_{zi}——第 i 测点秸秆质量,单位为克(g);

M_{bi}——第 i 测点不合格秸秆质量,单位为克(g)。

$$\overline{F}_n = \frac{\sum\limits_{i=1}^{6} F_{ni}}{6} \quad\cdots\cdots\cdots\cdots\cdots\cdots\cdots\cdots\cdots\cdots\cdots\cdots\cdots\cdots (11)$$

式中:

$\overline{F}_n$——测定区内秸秆粉碎长度合格率,单位为百分率(%)。

$$\overline{M} = \frac{\sum\limits_{i=1}^{6} M_{zi}}{6} \quad\cdots\cdots\cdots\cdots\cdots\cdots\cdots\cdots\cdots\cdots\cdots\cdots\cdots\cdots (12)$$

式中:

$\overline{M}$——测定区内各点秸秆平均质量,单位为克(g)。

$$F_b = \frac{1}{\overline{M}} \sqrt{\frac{\sum\limits_{i=1}^{6} (M_{zi} - \overline{M})^2}{5}} \times 100 \quad\cdots\cdots\cdots\cdots\cdots\cdots (13)$$

式中:

F_b——测定区内秸秆抛撒不均匀度,单位为百分率(%)。

6.1.9 秸秆切段长度合格率的测定(适用于带秸秆切碎回收功能的机型)

首先要根据农艺要求确定出秸秆切段长度的标准值 L,秸秆切段长度合格范围确定为 $0.7L\sim 1.2L$。

从每个行程粉碎(切段)秸秆排出口的接取物中,随机取 3 个不少于 1 kg 的样品,可通过手工分选、机械分选、气力分选或其他分选手段对样品进行分选,分选出切段长度小于 0.7 L 和切段长度大于 1.2 L 的秸秆(不含其两端的韧皮纤维),称其质量,按式(14)和式(15)计算秸秆切段长度合格率。

$$Q_{ni} = \frac{L_{zi} - L_{bi}}{L_{zi}} \times 100 \quad\cdots\cdots\cdots (14)$$

式中:

Q_{ni}——第 i 样品秸秆切段长度合格率,单位为百分率(%);

L_{zi}——第 i 样品秸秆质量,单位为克(g);

L_{bi}——第 i 样品切段长度不合格秸秆质量,单位为克(g)。

$$\bar{Q}_n = \frac{\sum_{i=1}^{3} Q_{ni}}{3} \quad\cdots\cdots\cdots (15)$$

式中:

$\bar{Q}_n$——测定区内秸秆切段长度合格率,单位为百分率(%)。

6.1.10 留茬高度的测定

在测定区的全割幅内,等间隔取 3 个测量点位,每点连续测定 10 株割茬,测量割茬切口至垄顶高度,取平均值。

6.1.11 生产率的测定

对样机进行生产试验,记录作业时间、调整保养时间、样机故障排除时间、作业量,对发生的故障应在备注栏进行适当描述,按式(16)计算生产率。

$$E_z = \frac{\sum Q_z}{\sum T_z} \quad\cdots\cdots\cdots (16)$$

式中:

E_z——生产率,单位为公顷每小时(hm^2/h);

Q_z——作业量,单位为公顷(hm^2);

T_z——机具作业时间,单位为小时(h)。

6.2 噪声测定

按照 JB/T 6268 的规定进行测定。

6.3 制动性能测定

按照 GB/T 14248 的规定进行测定。

6.4 安全性检查

按照 5.2.1~5.2.8 逐项检查,所有子项合格,则该项合格。

6.5 外观与装配质量检查

6.5.1 密封性能检查

在田间性能试验时,检查有无漏油、漏水、漏气、漏粮等现象。

6.5.2 空运转检查

按照 5.3.2 的规定进行。

6.5.3 温升测量

按照 5.3.3 的规定进行。

6.5.4 割台升降性能试验

按照 JB/T 7316 的规定,在分禾器前端处进行测定。

6.5.5 离地间隙测量

用钢直尺或其他量具测量其固定部件最低端距地面垂直距离。

6.5.6 涂层质量检测

6.5.6.1 在影响外观的主要覆盖件上分3组测量,每组测5点,计算涂层厚度平均值。

6.5.6.2 在影响外观的主要覆盖件上确定3个测量点位,按照JB/T 9832.2的规定测量涂层附着力。

6.5.6.3 检查整机外观是否色泽均匀、平整光滑,有无露底、起泡、起皱。

6.5.7 焊接质量检查

用目测方法检查各处焊接质量。

6.5.8 部件不平衡量试验

动平衡试验时,读取2个校准面不平衡量的最大值,按不大于1/2许用不平衡量进行判定。

6.6 使用有效度测定

自走式玉米收获机进行不少于120 h作业时间的生产试验,悬挂式、牵引式玉米收获机进行不少于100 h作业时间的生产试验。记录作业时间、调整保养时间、样机故障情况及排除时间。生产试验过程中不得发生导致机具功能完全丧失、危及作业安全、人身伤亡或重大经济损失的致命故障,以及主要零部件或重要总成(如发动机、割台、传动箱、脱粒清选机构、输送机构、轴承座以及机架等)损坏、报废,导致功能严重下降,无法正常作业的故障。按式(17)计算使用有效度指标。

$$K = \frac{\sum T_z}{\sum T_z + \sum T_g} \times 100 \quad\cdots\cdots\cdots (17)$$

式中:

K ——使用有效度,单位为百分率(%);

T_z ——作业时间,单位为小时(h);

T_g ——故障排除时间,单位为小时(h)。

6.7 操作方便性检查

按照5.5的规定逐项检查,所有子项合格,则该项合格。

6.8 使用说明书审查

按照5.7的规定逐项检查是否符合要求,其中任一项不合格,判使用说明书不合格。

6.9 三包凭证审查

按照5.8的规定逐项检查是否符合要求,其中任一项不合格,判三包凭证不合格。

6.10 铭牌检查

按照5.6的规定逐项检查是否符合要求,其中任一项不合格,判铭牌不合格。

7 检验规则

7.1 检验项目及不合格分类

检验项目按其对产品质量的影响程度,分为A、B、C三类,不合格项目分类见表6。根据玉米收获机作业功能选择相应的检验项目。

表6 检验项目及不合格分类

类别	序号	检验项目	对应质量要求的条款
A	1	安全要求	5.2.1～5.2.8
	2	总损失率	5.1
	3	制动性能	5.2.9
	4	噪声	5.2.10
	5	使用有效度	5.4

表 6（续）

类别	序号	检验项目	对应质量要求的条款
B	1	籽粒破碎率	5.1
	2	苞叶剥净率	5.1
	3	籽粒含杂率	5.1
	4	秸秆粉碎长度合格率	5.1
	5	秸秆切段长度合格率	5.1
	6	留茬高度	5.1
	7	生产率	5.1
	8	部件不平衡量	5.3.8
	9	使用说明书	5.6
C	1	果穗含杂率	5.1
	2	秸秆抛撒不均匀度	5.1
	3	密封性能	5.3.1
	4	空运转	5.3.2
	5	温升	5.3.3
	6	割台升降性能	5.3.4
	7	离地间隙	5.3.5
	8	涂层质量	5.3.6
	9	焊接质量	5.3.7
	10	操纵方便性	5.5
	11	铭牌	5.8
	12	三包凭证	5.7

7.2 抽样方法

7.2.1 抽样方案按照 GB/T 2828.11—2008 中表 B.1 的规定制订,见表 7。

表 7 抽样方案

检 验 水 平	O
声称质量水平(DQL)	1
核查总体(N)	10
样本量(n)	1
不合格品限定数(L)	0

7.2.2 采用随机抽样方法,在生产企业近 12 个月内生产的合格产品中随机抽取,抽样基数应不少于 10 台;抽取 1 台。在用户或销售单位抽样时不受此限。

7.3 评定规则

对样机的 A、B、C 各类检验项目逐项考核和判定,当 A 类不合格项目数为 0、B 类不合格项目数不超过 1、C 类不合格项目数不超过 2,判定样机为合格产品;否则,判定样机为不合格产品。

7.4 综合判定

若样机为合格品(即样机的不合格品数不大于不合格品限定数),则判定通过;若样机为不合格品(即样机的不合格品数大于不合格品限定数),则判定不通过。

附　录　A

（规范性附录）

产品规格确认表

产品规格确认表见表A.1

表A.1　产品规格确认表

序号	项目		单位	设计值
1	型号			
2	结构型式			
3	配套发动机（或拖拉机）	型号规格		
		额定功率	kW	
		额定转速	r/min	
4	工作状态外形尺寸（长×宽×高）		mm	
5	使用质量		kg	
6	工作行数		行	
7	摘穗道中心距		mm	
8	工作幅宽		mm	
9	最大卸果穗高度		mm	
10	最小离地间隙		mm	
11	最小通过半径	左转	mm	
		右转		
12	理论作业速度		km/h	
13	生产率		hm²/h	
14	单位面积燃油消耗量		kg/hm²	
15	摘穗机构型式			
16	剥皮辊型式			
17	割刀型式			
18	脱粒滚筒/切碎滚筒	型式		
		尺寸（外径×长度）	mm	
		数量	个	
19	风扇	型式		
		直径	mm	
		数量	个	
20	凹板筛型式			
21	变速箱类型			
22	轴距		mm	
23	轮距	导向轮	mm	
		驱动轮		
24	轮胎规格	导向轮		
		驱动轮		
25	履带	规格（节距×节数×宽度）		
		轨距	mm	
26	秸秆切碎机构	型式		
		工作幅宽	mm	
27	秸秆粉碎还田机	型式		
		工作幅宽	mm	

ICS 65.060.01
B 92

中华人民共和国农业行业标准

NY/T 649—2017
代替 NY/T 649—2002

养鸡机械设备安装技术要求

Technical requirements of installation for chicken breeding equipments

2017-12-22 发布

2018-06-01 实施

中华人民共和国农业部 发布

前　言

本标准按照 GB/T 1.1—2009 给出的规则起草。

本标准代替 NY/T 649—2002《养鸡机械设备安装技术条件》。与 NY/T 649—2002 相比,除编辑性修改外主要技术变化如下:

——删除了规范性引用文件 GB 10395.1、JB/T 7727 和 JB/T 9809.2;

——增加了规范性引用文件 GB 23821、JB/T 7726;

——删除了安装技术要求中的温湿度、部件等技术要求;

——增加了带式清粪机、行车式(龙门)喂料机、层叠式电热育雏器的安装技术要求;

——调整了饮水器、螺旋弹簧喂料机、牵引式刮板清粪机、孵化机、电热育雏保温伞等部分的技术要求。

本标准由农业部农业机械化管理司提出。

本标准由全国农业机械标准化技术委员会农业机械化分技术委员会(SAC/TC 201/SC 2)归口。

本标准起草单位:内蒙古自治区农牧业机械试验鉴定站、青岛日联华波科技有限公司。

本标准主要起草人:王海军、王靖、石雅静、孙高波、刘训一、吴鸣远、高云燕、荣杰、刘波。

本标准所代替标准的历次版本发布情况为:

——NY/T 649—2002。

养鸡机械设备安装技术要求

1 范围

本标准规定了养鸡机械设备的术语和定义、一般要求、安全要求和安装技术要求。

本标准适用于养鸡机械设备（包括阶梯式鸡笼和笼架、饮水器、喂料机、清粪机、孵化机、出雏机、电热育雏设备等主要机械设备，以下简称机械设备）的安装。

2 规范性引用文件

下列文件对于本文件的应用是必不可少的。凡是注日期的引用文件，仅注日期的版本适用于本文件。凡是不注日期的引用文件，其最新版本（包括所有的修改单）适用于本文件。

GB 5023.1 额定电压 450/750 V 及以下聚氯乙烯绝缘电缆 第 1 部分：一般要求

GB 10396 农林拖拉机和机械、草坪和园艺动力机械 安全标志和危险图形 总则

GB 23821 机械安全 防止上下肢触及危险区的安全距离

JB/T 7718 鸡用杯式饮水器

JB/T 7719 电热育雏保温伞

JB/T 7720 鸡用乳头式饮水器

JB/T 7725 鸡用牵引式地面刮板清粪机

JB/T 7726 养鸡设备 层叠式电热育雏器

JB/T 7728 鸡用螺旋弹簧式喂料机

JB/T 7729 蛋鸡鸡笼和笼架

JB/T 9809.1 孵化机 技术条件

3 术语和定义

JB/T 7718、JB/T 7719、JB/T 7720、JB/T 7725、JB/T 7726、JB/T 7728、JB/T 7729、JB/T 9809.1 界定的术语和定义适用于本文件。

4 一般要求

4.1 机械设备的各部件应按规定程序批准的图样和技术文件制造，并应分别符合 JB/T 7718、JB/T 7719、JB/T 7720、JB/T 7725、JB/T 7726、JB/T 7728、JB/T 7729 和 JB/T 9809.1 的要求。

4.2 机械设备上应安装永久性的产品铭牌，在使用过程中应清晰可见。

5 安全要求

5.1 机械设备各传动轴、带轮、齿轮、链轮、传动带和链条等外露运转部件及对操作人员有危险的部件应有防护装置，防护装置上的孔、网，其缝隙或直径及安全距离应符合 GB 23821 中相关规定。防护装置上应设置永久安全警示标志，安全警示标志应符合 GB 10396 的规定。

5.2 电气设备安装后应有接地保护装置，防潮防湿。安装后应绝缘，绝缘电阻值应不小于 1 MΩ。

5.3 电气线路应布局合理、固定牢固。电压波动范围应不大于额定电压的 10%，安装多台设备时三相负载应平衡。

6 安装技术要求

6.1 阶梯式鸡笼和笼架

6.1.1 安装鸡笼的鸡舍应为平整的水泥（或其他坚硬材料）地面，以利清粪和消毒。

6.1.2 安装后每组笼架间距与设计值的偏差应不大于 2 mm，前后网片应与地面保持垂直。

6.1.3 鸡笼的挂钩不应外翘，所有钢丝连接扣应在鸡笼外侧，连接应夹紧，不应有滑动现象。组装后整列鸡笼和笼架应平直整齐，各层相邻的前网连接处应平齐，纵向水平度误差应不大于 0.1%，不应有扭翘现象。

6.1.4 严禁踩踏鸡笼，以防网片开焊，笼体变形。

6.1.5 蛋鸡鸡笼和笼架组装后底网与水平面夹角应为 $9°±1°$，轻型蛋鸡鸡笼的滚蛋间隙为 52 mm～56 mm，中型蛋鸡鸡笼的滚蛋间隙为 56 mm～60 mm。

6.2 饮水器

6.2.1 饮水器应与水线垂直安装，且不妨碍鸡的活动，有利于鸡的饮水。

6.2.2 饮水器的供水源处应装有过滤器，滤网规格应不小于 200 目。

6.2.3 安装水管时，各连接处应密封。除必要的观察段外，水管应采用不透明管，并采取避光措施。

6.2.4 主水管应安装放水装置，放水装置应设在粪槽外，以免使鸡粪受潮。

6.2.5 装配后饮水器在水压为 2 kPa～6 kPa（乳头式）、30 kPa～70 kPa（杯式）的情况下，10 min 内应不滴水。

6.2.6 阀柄式杯式饮水器安装后，杯舌固定应牢固可靠，在销轴上应能灵活上下摆动，无卡死现象；在饮水器密封状态下，杯舌的上翘量为 $6°～8°$。

6.2.7 浮嘴式杯式饮水器安装后，阀门完全打开时，阀座与 O 形圈之间应保持 1 mm～15 mm 的间距。

6.3 喂料机

6.3.1 链式喂料机

6.3.1.1 食槽和接头应连接可靠，不应有松动或伸缩现象。其接缝处间隙应不大于 1 mm，且应顺链片运动方向搭接，食槽安装后应在同一水平线上。

6.3.1.2 转角轮安装后应在同一平面内，偏差不应大于 3 mm。转角器中的压条和链片间的间隙应调至 2 mm～3 mm。驱动轮应通过安全销进行传动，与链条啮合应转动灵活。

6.3.1.3 喂料链连接时应按链片的运动方向套接。链片张紧力应调到 300 N～400 N。清洁器应安装在靠进料箱的回料端，安装后应转动灵活，不得有卡碰现象。

6.3.1.4 可调支架应安全可靠，调整方便。安装提升机构时，应对屋架结构进行检验，其承载能力应不小于全套设备总质量的 2.5 倍。

6.3.1.5 电机的转向方向应与链片运动方向一致。

6.3.1.6 安装后，链式喂料机工作时应平稳，无冲击、间歇、起拱现象。

6.3.2 螺旋弹簧喂料机

6.3.2.1 安装后弹簧张紧力应在 300 N～500 N。

6.3.2.2 有料位器的喂食盘应与输送管道保持垂直。

6.3.2.3 料箱与输送管应联接严密，不应有漏料现象。

6.3.2.4 安装后，料箱内的饲料应能均匀流出，不应有饲料结拱现象。

6.3.3 行车式（龙门式）喂料机

6.3.3.1 喂料机轨道应平整、光滑，无杂物。

6.3.3.2 喂料机的横梁应有一定的承载能力,料箱装满料时,横梁中间部位的形变应不大于 5 mm。

6.3.3.3 喂料机应移动平稳,无异常声响。

6.3.3.4 播种式行车喂料机料箱与输送管应连接严密,不应有漏料现象。

6.3.3.5 安装后,料箱内的饲料应能均匀流出,不应有饲料结拱现象。

6.4 清粪机

6.4.1 牵引式刮板清粪机

6.4.1.1 粪槽表面应为水泥(或其他坚硬材料)地面,表面平整光滑,牵引方向的坡度应不大于 0.3%,横向坡度应不大于 0.2%,斜度只允许向运动方向倾斜。

6.4.1.2 进出牵引绳(链)的绳轮(链轮)中心线与转角(链)轮中心线应在同一水平面内,误差不应大于 3 mm。

6.4.1.3 进出牵引绳(链)的滑轮(链轮)中心线与转角(链)轮中心线应在同一水平面内,误差不应大于 3 mm。

6.4.1.4 牵引绳(链)应位于粪槽中心,其误差不应大于 ±5 mm。

6.4.1.5 转角轮与绳轮的安装应牢固可靠。

6.4.1.6 限位清洁器及清洁器与牵引绳中心应对正,牵引绳不得碰磨清洁器与压板中心槽内壁。

6.4.1.7 刮粪板工作时,不应有明显的漏刮现象。刮板起落灵活,无卡碰现象。

6.4.1.8 清粪机空运转时不应有异常声响。牵引绳不应有异常抖动,工作刮板运行平稳。

6.4.1.9 安全离合器在允许负荷内,应结合可靠,超过负荷时应能完全分离。

6.4.1.10 步进式清粪机相邻两个刮板工作行程的重叠长度应不小于 1 m。

6.4.1.11 安装后,牵引绳(链)的张力应在 600 N～1 000 N 内。

6.4.2 带式清粪机

6.4.2.1 清粪机工作时,在整个宽度上刮板应与传送带接触良好,无明显漏刮现象。

6.4.2.2 安装后,沿传送带运行方向,传送带中心线应与鸡笼中心线在同一垂直平面内,在整个清粪机范围内,误差应不大于 ±5 mm。

6.4.2.3 清粪机运转时不应有异常声响,皮带不应左右摆动。

6.4.2.4 张紧机构应能张紧皮带。

6.5 孵化机、出雏机

6.5.1 地面应为水泥(或其他坚硬材料)地面,有利于消毒和冲洗。

6.5.2 孵化机、出雏机在使用前应校对门表与温度场平均温度的实际误差,以正确调整孵化温度。

6.5.3 孵化机、出雏机各部件应安装牢固可靠,各运转件工作灵活、运转平稳。

6.5.4 孵化机(出雏机)的自动报警装置在高于或低于设定温度 0.5℃时,应能自动报警。

6.5.5 翻蛋机构翻转应平稳、可靠,翻转角度为 40°～45°。

6.5.6 安装后,当风扇、风门、翻蛋等机构工作异常时应能自动报警,并能自动启动保护装置工作。

6.6 电热育雏设备

6.6.1 电热育雏保温伞

6.6.1.1 保温伞使用的配接导线应符合 GB 5023.1 的规定。

6.6.1.2 伞内照明设备应有独立电源和控制开关。

6.6.1.3 每台保温伞应配备一台温控器。

6.6.1.4 下加温式保温伞电加热线在温床内的布线间距为 20 mm,不应有交叉重叠现象,应埋在床面下 25 mm～30 mm 处。

6.6.1.5　下加温式保温伞安装后,在电源电压 220 V、室温 17℃～19℃时,温床表面 6 cm 处的温度应能保持在 25℃～28℃,温床表面温度应能保持在 35℃～45℃。

6.6.1.6　上加温式保温伞安装后,在电源电压 220 V、室温 17℃～19℃时,伞下距地表面高 6 cm 处的温度应能保持在 26℃～35℃并可调。

6.6.1.7　上加温式保温伞电加热元件与导线的接头应用松香做焊剂,其绝缘电阻值应不小于 2 MΩ。

6.6.2　层叠式电热育雏器

6.6.2.1　笼架安装应牢固,各层间应相互平行,全长偏差不大于3 mm,立柱间平行度偏差不大于3 mm,与地面的平行度偏差不大于5 mm。

6.6.2.2　安装后,加热笼、保温笼内各自温差应不大于 2.5℃,加热笼与保温笼的平均温度差应不大于4℃。

6.6.2.3　电器安装应按操作规定进行,应有接地线,其绝缘电阻应不小于 2 MΩ。

6.6.2.4　加热器应放置在不影响鸡运动的地方,应能避免小鸡啄线而发生意外事故。

ICS 65.060.01
B 90

中华人民共和国农业行业标准

NY/T 3118—2017

农业机械出厂合格证 拖拉机和联合收割(获)机

Certificate of agriculture machinery—Tractor and combine–harvester

2017-12-22 发布

2018-06-01 实施

中华人民共和国农业部 发布

前　　言

本标准按照 GB/T 1.1—2009 给出的规则起草。

本标准由农业部农业机械化管理司提出。

本标准由全国农业机械标准化技术委员会农业机械化分技术委员会(SAC/TC 201/SC 2)归口。

本标准起草单位:农业部农机监理总站。

本标准主要起草人:涂志强、王聪玲、白艳、郎志中、陆立中、葛建智、岳芹、张素洁、吕占民、赵野、程胜男、刘德普。

农业机械出厂合格证 拖拉机和联合收割(获)机

1 范围

本标准规定了拖拉机和联合收割(获)机出厂合格证的术语、定义和要求。

本标准适用于拖拉机、联合收割(获)机出厂合格证(以下简称出厂合格证)的制作和注册登记使用。其他自走式农业机械的出厂合格证可参照执行。

2 规范性引用文件

下列文件对于本文件的应用是必不可少的。凡是注日期的引用文件,仅注日期的版本适用于本文件。凡是不注日期的引用文件,其最新版本(包括所有的修改单)适用于本文件。

GB/T 6960.1 拖拉机术语 第1部分:整机

GB/T 6979.1 收获机械 联合收割机及功能部件 第1部分:词汇

GB/T 6979.2 收获机械 联合收割机及功能部件 第2部分:在词汇中定义的性能和特征评价

GB 7258 机动车运行安全技术条件

GB 16151.1 农业机械运行安全技术条件 第1部分:拖拉机

GB 16151.12 农业机械运行安全技术条件 第12部分:谷物联合收割机

GB/T 18284 快速响应矩阵码

3 术语和定义

GB/T 6960.1、GB/T 6979.1、GB 7258、GB 16151.1、GB 16151.12界定的术语和定义适用于本文件。

4 要求

4.1 一般要求

4.1.1 拖拉机、联合收割(获)机生产完毕且检验合格后应随整机配发出厂合格证。

4.1.2 出厂合格证应采用A4幅面(210 mm×297 mm)的纸张制作,纸张克重应不小于120 g/m²。

4.1.3 出厂合格证应包含拖拉机、联合收割(获)机的生产企业信息、产品技术参数信息、产品质量声明等内容。

4.2 正面要求

4.2.1 出厂合格证正面上部1/3幅面居中印制"拖拉机出厂合格证"或"联合收割(获)机出厂合格证",字体采用宋体,字号采用1号字,字体颜色采用红色。

4.2.2 出厂合格证正面中部1/3幅面居中印制拖拉机、联合收割(获)机生产企业标志或产品商标。

4.2.3 出厂合格证正面下部1/3幅面居中印制拖拉机、联合收割(获)机生产企业名称,字体、字号、颜色由生产企业自行决定,但字迹应清晰可辨。

4.2.4 拖拉机、联合收割(获)机生产企业应在出厂合格证正面印制防伪标记或粘贴防伪标识。具体的防伪方案由生产企业自行确定。

4.2.5 拖拉机、联合收割(获)机生产企业在满足上述要求的同时,可以在出厂合格证下部1/3幅面增加其他信息,如出厂合格证纸张编号、企业英文名称等内容,但出厂合格证整体样式应相对统一。

4.2.6 出厂合格证正面样式见附录A。

4.3 背面要求

4.3.1 出厂合格证背面印制拖拉机、联合收割(获)机出厂状态特征表,见附录 B,底色采用白色,不应印制其他任何内容、图案和底纹。

4.3.2 拖拉机、联合收割(获)机出厂状态特征表应按实际出厂配置和设计参数填写,内容不应采用选择性内容或区间值等方式填写,不应涂改。填写项目为空时,以"—"占位。具体填写内容见表1。

4.3.3 拖拉机、联合收割(获)机分类与填写项目之间的对应关系见附录C。

表 1 拖拉机、联合收割(获)机出厂状态特征表项目填写说明

序号	项 目	填 写 内 容
1	合格证编号	由企业"组织机构代码"或"统一社会信用代码"加出厂编号组成 同一企业应保证出厂编号的唯一性,且编号30年内不重复 — 出厂编号 — 组织机构代码或统一社会信用代码
2	发证日期	按照"××××年××月××日"的格式填写,例如:"2016 年 01 月 01 日"
3	生产企业名称	填写生产企业名称全称
4	品牌	填写中英文品牌(中英文之间用"/"分隔)或中文品牌。中文品牌必须填写,后面应有"牌"字
5	类型	拖拉机分为轮式拖拉机、履带拖拉机、手扶拖拉机和手扶变型运输机 联合收割(获)机分为轮式联合收割(获)机、履带式联合收割(获)机 其他类型拖拉机、联合收割(获)机可按照实际类型填写
6	型号名称	完整填写拖拉机、联合收割(获)机型号名称
7	发动机型号	完整填写发动机型号
8	发动机号码	填写拖拉机、联合收割(获)机所配发动机的编号(不含发动机型号)
9	功率	填写发动机在标定转速下的12h标定功率,单位为千瓦(kW)
10	排放标准号及排放阶段	填写执行标准的标准号及排放阶段
11	出厂编号	填写实际打刻的出厂编号
12	底盘号/机架号	拖拉机填写实际打刻的底盘号 联合收割(获)机填写实际打刻的机架号
13	机身颜色	填写描述机身颜色的汉字。对于单一颜色拖拉机、联合收割(获)机,机身颜色按照"红、绿、蓝、棕、紫、橙、黄、黑、灰、白"等颜色归类填写;对于多颜色拖拉机、联合收割(获)机,机身颜色按照面积较大的三种颜色填写;颜色为上下结构的,从上向下填写;颜色为前后结构的,从前向后填写;颜色与颜色之间加"/",机身装饰线、装饰条颜色,不列入机身颜色
14	转向操纵方式	分为方向盘式、操纵杆式和手扶式
15	准乘人数	填写驾驶室允许的乘坐人数,单位为人
16	轮轴数	填写轮轴数,单位为个
17	轴距	填写两轴之间的距离,单位为毫米(mm)
18	轮胎数	填写安装轮胎总数(不包括备胎),单位为个
19	轮胎规格	当各轴轮胎规格相同时,轮胎型号填写一次。当各轴轮胎规格不相同时,应以"第一轴轮胎规格/第二轴轮胎规格"的形式填写
20	轮距(前/后)	按车轴的位置,依次填写出厂时的前后轮距,单位为毫米(mm)
21	履带数	填写安装的履带条数,单位为条
22	履带规格	填写履带规格
23	轨距	填写履带轨距,单位为毫米(mm)
24	外廓尺寸	拖拉机填写出厂时的外廓长、宽、高,单位为毫米(mm),按长×宽×高标注 联合收割(获)机填写在田间作业状态下(不包含卸粮状态)的外廓长、宽、高,单位为毫米(mm),按长×宽×高标注。具体测量方法应符合 GB/T 6979.2 的要求

表 1（续）

序号	项　目		填写内容
25	拖拉机标定牵引力		拖拉机在田间作业的牵引能力，即拖拉机在水平区段、适耕湿度的壤土茬地上（对旱地拖拉机）或中等泥脚深度稻茬地上（对水田拖拉机），在基本牵引工作速度或允许滑转率下所能发出的最大牵引力，单位为牛(N)
26	拖拉机最小使用质量		按规定加足各种油料(燃油、润滑油、液压油)和冷却液并有驾驶员(75 kg)和随车工具、无可拆卸配重(轮胎内无注水)时的拖拉机质量，单位为千克(kg)
27	最大允许载质量		填写手扶变型运输机的最大允许载质量，单位为千克(kg)
28	割台宽度		填写联合收割(获)机割台的外廓宽度，使用两种(含)以上割台的，割台宽度之间加"/"，单位为毫米(mm)
29	喂入量/收获行数		填写联合收割机喂入量或行数，单位为千克每秒(kg/s)或行
30	联合收割(获)机质量		在粮箱卸空、按规定加足各种油料(燃油、润滑油、液压油)和冷却液并有驾驶员(75 kg)和随车工具、无可拆卸配重(轮胎内无注水)时的联合收割(获)机质量，单位为千克(kg)
31	生产日期		填写拖拉机、联合收割(获)机生产完成时的时间，按照"××××年××月××日"的格式填写，例如："2016 年 01 月 01 日"
32	二维码/条码		应符合 GB/T 18284 的要求，至少包含此表 1 项～12 项内容
33	执行标准		填写产品生产企业信息及所执行的标准代号和名称
34	企业信息	生产企业地址	填写拖拉机、联合收割(获)机的生产地址
		联系方式	填写生产企业的联系电话
35	企业印章		指企业公章或其授权的其他业务章

附 录 A
（规范性附录）
拖拉机或联合收割(获)机出厂合格证正面样式

拖拉机或联合收割(获)机出厂合格证正面样式见图 A.1。

单位为毫米

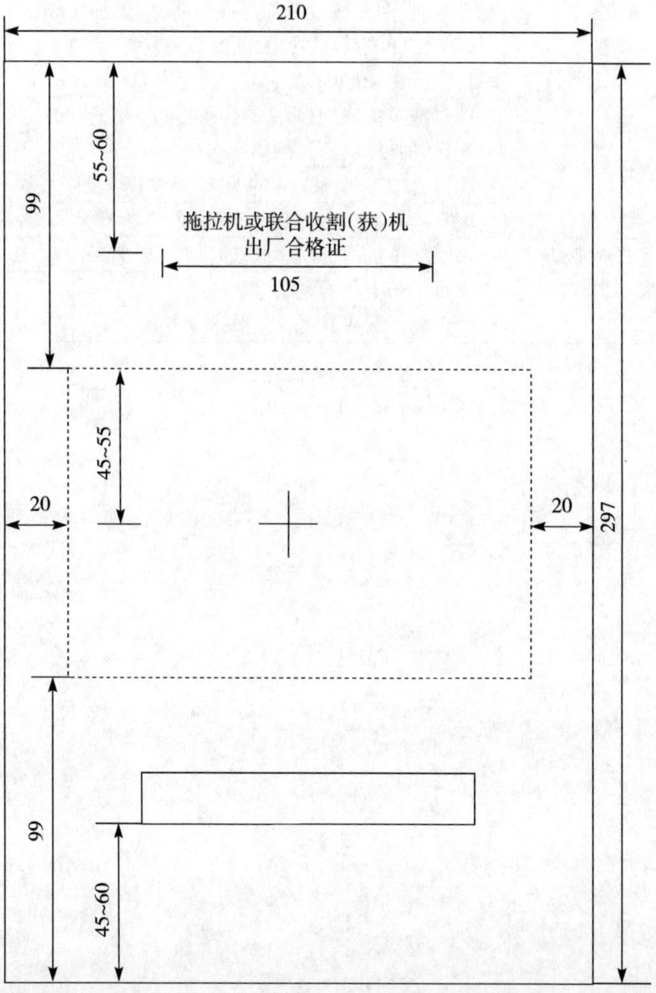

拖拉机或联合收割(获)机
出厂合格证

注:图中虚线矩形表示印制企业标志或产品商标的范围,十字符号表示图案的中心位置,下部实线矩形位置为生产
企业名称。

图 A.1 拖拉机或联合收割(获)机出厂合格证正面样式

附 录 B
（规范性附录）
拖拉机或联合收割(获)机出厂状态特征表样式

B.1 拖拉机出厂状态特征表样式

见表 B.1。

表 B.1 拖拉机出厂状态特征表样式

合格证编号			
发证日期		生产企业名称	
品牌		类型	
型号名称		发动机型号	
发动机号码		功率,kW	
排放标准号及排放阶段			
出厂编号		底盘号	
机身颜色		转向操纵方式	
准乘人数,人		轮轴数,个	
轴距,mm		轮胎数,个	
轮胎规格		轮距(前/后),mm	
履带数,条		履带规格	
轨距,mm		外廓尺寸,mm	
标定牵引力,N		二维码/条码	
最小使用质量,kg			
最大允许载质量,kg			
生产日期			
执行标准 　　本产品经过出厂检验,符合＿＿＿＿＿（××标准）＿＿＿＿＿的要求,准予出厂,特此证明。			
企业信息 生产企业地址: 联系方式: （企业印章）			

B.2 联合收割(获)机出厂状态特征表样式

见表 B.2。

表 B.2 联合收割(获)机出厂状态特征表样式

合格证编号			
发证日期		生产企业名称	
品牌		类型	
型号名称		发动机型号	
发动机号码		功率,kW	
排放标准号及排放阶段			
出厂编号		机架号	
机身颜色		转向操纵方式	
准乘人数,人		轮轴数,个	
轴距,mm		轮胎数,个	
轮胎规格		轮距(前/后),mm	
履带数,条		履带规格	
轨距,mm		外廓尺寸,mm	
割台宽度,mm		二维码/条码	
喂入量,kg/s 或行			
联合收割(获)机质量,kg			
生产日期			
执行标准 　　本产品经过出厂检验,符合＿＿＿＿＿＿(××标准)＿＿＿＿＿＿的要求,准予出厂,特此证明。			
企业信息 生产企业地址: 联系方式: 　　　　　　　　　　　　　　　　　　　　　　　　　　　　　　　(企业印章)			

附 录 C

（规范性附录）

拖拉机或联合收割(获)机分类与填写项目之间的对应关系

C.1 拖拉机分类与填写项目之间的对应关系

见表 C.1。

表 C.1 拖拉机分类与填写项目之间的对应关系

项　　目		拖拉机分类			
		轮式拖拉机	履带拖拉机	手扶拖拉机	手扶变型运输机
合格证编号		√	√	√	√
发证日期		√	√	√	√
生产企业名称		√	√	√	√
品牌		√	√	√	√
类型		√	√	√	√
型号名称		√	√	√	√
发动机型号		√	√	√	√
发动机号码		√	√	√	√
功率		√	√	√	√
排放标准号及排放阶段		√	√	√	√
出厂编号		√	√	√	√
底盘号		√	√	√	√
机身颜色		√	√	√	√
转向操纵方式		√	√	√	√
准乘人数		√	√	√	√
轮轴数		√	√	√	√
轴距		√	√	×	√
轮胎数		√	○	√	√
轮胎规格		√	○	√	√
轮距		√	○	√	√
履带数		×	√	×	×
履带规格		×	√	×	×
轨距		×	√	×	×
外廓尺寸	长	√	√	√	√
	宽	√	√	√	√
	高	√	√	√	√
标定牵引力		√	√	√	×
最小使用质量		√	√	√	×
最大允许载质量		×	×	×	√
生产日期		√	√	√	√
二维码/条码		√	√	√	√
执行标准		√	√	√	√
企业信息	生产企业地址	√	√	√	√
	联系方式	√	√	√	√
注："√"表示填写，"×"表示不得填写，"○"表示根据产品技术状态及生产情况选择填写。					

C.2 联合收割(获)机分类与填写项目之间的对应关系

见表 C.2。

表 C.2 联合收割(获)机分类与填写项目之间的对应关系

项　　目		联合收割(获)机分类	
		轮式联合收割(获)机	履带式联合收割(获)机
合格证编号		√	√
发证日期		√	√
生产企业名称		√	√
品牌		√	√
类型		√	√
型号名称		√	√
发动机型号		√	√
发动机号码		√	√
功率		√	√
排放标准号及排放阶段		√	√
出厂编号		√	√
机架号		√	√
机身颜色		√	√
转向操纵方式		√	√
准乘人数		√	√
轮轴数		√	√
轴距		√	√
轮胎数		√	○
轮胎规格		√	○
轮距		√	○
履带数		×	√
履带规格		×	√
轨距		×	√
外廓尺寸	长	√	√
	宽	√	√
	高	√	√
割台宽度		√	√
喂入量/行数		√	√
联合收割(获)机质量		√	√
生产日期		√	√
二维码/条码		√	√
执行标准		√	√
企业信息	生产企业地址	√	√
	联系方式	√	√
注:"√"表示填写,"×"表示不得填写,"○"表示根据产品技术状态及生产情况选择填写。			

ICS 65.060.99
B 92

中华人民共和国农业行业标准

NY/T 3119—2017

畜禽粪便固液分离机 质量评价技术规范

Technical specification of quality evaluation for livestock manure solid–liquid
separators

2017-12-22 发布
2018-06-01 实施

中华人民共和国农业部 发布

前　言

本标准按照 GB/T 1.1—2009 给出的规则起草。

本标准由农业部农业机械化管理司提出。

本标准由全国农业机械标准化技术委员会农业机械化分技术委员会(SAC/TC 201/SC 2)归口。

本标准起草单位:农业部农业机械试验鉴定总站、江苏省农业机械试验鉴定站。

本标准主要起草人:张健、杨瑶、陶雷、肖建国、余玲。

畜禽粪便固液分离机　质量评价技术规范

1　范围

本标准规定了畜禽粪便固液分离机的术语和定义、基本要求、质量要求、检测方法和检验规则。

本标准适用于畜禽粪便固液分离机（以下简称固液分离机）的质量评定。

2　规范性引用文件

下列文件对于本文件的应用是必不可少的。凡是注日期的引用文件，仅注日期的版本适用于本文件。凡是不注日期的引用文件，其最新版本（包括所有的修改单）适用于本文件。

GB/T 2828.11—2008　计数抽样检验程序　第11部分：小总体声称质量水平的评定程序

GB/T 5262　农业机械试验条件　测定方法的一般规定

GB/T 5667　农业机械　生产试验方法

GB/T 9480　农林拖拉机和机械、草坪和园艺动力机械　使用说明书编写规则

GB 10396　农林拖拉机和机械、草坪和园艺动力机械　安全标志和危险图形　总则

GB/T 13306　标牌

JB/T 8574　农机具产品型号编制规则

3　术语和定义

下列术语和定义适用于本文件。

3.1

畜禽粪便固液分离机　livestock manure solid-liquid separator

利用筛分、螺旋挤压、辊压等方式对畜禽粪便进行固液分离的机械设备。

4　基本要求

4.1　质量评价所需的文件资料

对固液分离机进行质量评价所需提供的文件资料应包括：

a)　产品规格确认表（见附录A）；

b)　企业产品执行标准或产品制造验收技术条件；

c)　产品使用说明书；

d)　三包凭证；

e)　样机照片（正前方、正后方、正前方两侧45°各1张）。

4.2　产品型号编制规则

产品型号的编制应符合JB/T 8574的规定。产品型号依次为分类代号、特征代号和主参数，分类代号和特征代号与主参数之间以短横线隔开。

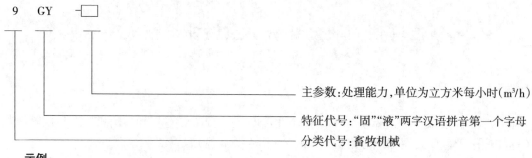

示例：

处理能力为 100 m³/h 的固液分离机表示为：9GY‑100。

4.3 主要技术参数核对与测量

依据产品使用说明书、铭牌和其他技术文件，对样机的主要技术参数按表 1 进行核对或测量。

表 1 核测项目与方法

序号	核测项目		单位	方　法
1	型号名称		/	核对
2	结构型式		/	核对
3	筛分部分	斜筛片数	片	核对
		斜筛面积	m²	测量(对于单片斜筛面积大于 0.8 m² 固液分离机不适用此项)
		斜筛宽度	cm	测量(筛网短边长度)
4	筛筒部分	筛筒直径	mm	测量(筛筒外圆直径)
		筛筒长度	cm	测量
5	辊压部分	辊轮级数	级	核对
		辊轮直径	mm	测量(辊轮外圆直径)
		辊轮长度	cm	测量
6	螺旋挤压电机的数量		个	核对
7	螺旋挤压电机总功率		kW	核对
8	振动电机数量		个	核对
9	振动电机总功率		kW	核对
10	离心电机数量		个	核对
11	离心电机总功率		kW	核对
12	辊压电机数量		个	核对
13	辊压电机总功率		kW	核对
14	输送带电机数量		个	核对
15	输送带电机总功率		kW	核对
16	清洗电机数量		个	核对
17	清洗电机总功率		kW	核对
18	清洗水泵数量		个	核对
19	清洗水泵总功率		kW	核对
20	总功率		kW	核对(螺旋挤压、振动、离心、辊压、输送带、清洗电机和清洗水泵的功率总和)
21	外形尺寸(长×宽×高)		mm	测量(包容样机最小长方体的长、宽、高)，单片斜筛面积大于 0.8 m² 的固液分离机不适用此项
22	处理能力		m³/h	核对

4.4 试验条件

4.4.1 试验样机配套动力应符合产品使用说明书的规定。试验电压与额定工作电压的偏差不超过额定工作电压的±5%。

4.4.2 环境温度在 5℃～40℃范围内，试验场地通风良好。

4.4.3 粪污水池应为规则的几何形状。性能测试物料为牛、猪、鸡等畜禽粪污水,在粪污水池中的粪污水量应不少于样机工作1h的处理量。测试时,保证粪污水池不继续进粪污水,经过固液分离后的粪污水不回流至粪污水池。粪污水应搅拌均匀,粪污水含固率应不低于2%。

4.4.4 试验样机按使用说明书的要求调整至正常工作状态后,方可进行试验。

4.5 主要仪器设备

试验用仪器设备应经过计量检定或校准,且在有效期内。仪器设备的测量范围和准确度要求应不低于表2的规定。

表 2　主要仪器设备测量范围和准确度要求

序号	被测参数名称	测量范围	准确度要求
1	长度	0 m～5 m	1 mm
		>5 m	10 mm
2	质量	0 g～500 g	0.1 g
3	时间	0 h～24 h	1 s/d
4	温度	0℃～200℃	1%
5	功率	0 kW～60 kW	1%
6	电阻	0 MΩ～200 MΩ	2.5级

5　质量要求

5.1　性能要求

在满足4.4试验条件下,固液分离机主要性能指标应符合表3的规定。

表 3　性能指标要求

序号	项　　目	质量指标	对应的检测方法条款号
1	能源消耗量	≤0.4 (kW·h)/m³	6.1.2
2	处理能力	不低于企业明示值的下限	6.1.2
3	分离后固形物含水率	≤80%	6.1.4
4	固形物去除率	牛粪水≥50%;猪粪水≥45%;鸡粪水≥30%	6.1.5

5.2　安全要求

5.2.1　安全防护

5.2.1.1 对链条、皮带等外露旋转、传动部件应设置安全防护罩。

5.2.1.2 动力电路导线和保护接地电路间的绝缘电阻应不小于20 MΩ。

5.2.2　安全信息

5.2.2.1 接地端子处应有接地标志。

5.2.2.2 电控操作系统应有防触电标志。

5.2.2.3 所有标志应符合GB 10396的规定。

5.3　外观与装配质量

5.3.1 外露表面无碰伤、划痕和毛刺。

5.3.2 油漆表面应色泽均匀、平整光滑,无漏漆、起皱、流挂、剥落和露底。

5.3.3 未涂漆的零件及外露金属加工面、摩擦面均应经表面防腐处理。

5.3.4 固液分离机各处紧固件应连接牢固、可靠;各活动环节应灵活、无卡滞现象,运转应平稳、可靠,不应有异常声响。

5.3.5 作业时,固液分离机管道各连接处不得有渗漏现象。

5.3.6 粪污水的进料口结构应防止进料时粪污水溅出。

5.3.7 粪污水不得从滤水系统外漏出。

5.4 使用有效度

固液分离机的使用有效度应不小于95%。如果发生重大质量故障,生产试验不再继续进行,可靠性评价结果为不合格。重大质量故障是指危及人身和设备安全、引起电机报废、造成重大经济损失的故障,以及主要零部件(电机、螺旋挤压轴等)严重损坏、难以正常作业、须解体停机检修的故障。

5.5 使用说明书

使用说明书的编制应符合 GB/T 9480 的规定,其内容至少应包括:

a) 安全注意事项,复现安全警示标识,明示粘贴位置;

b) 主要用途和适用范围;

c) 产品执行标准代号及设备功率、处理能力等主要技术参数,产品结构特征及工作原理;

d) 正确的安装与调试方法及操作说明;

e) 维护与保养要求;

f) 常见故障及排除方法;

g) 易损件清单。

5.6 三包凭证

固液分离机应有三包凭证,其内容至少应包括:

a) 产品型号名称、规格、出厂编号、购买日期;

b) 生产企业名称、地址、邮政编码、售后服务联系电话;

c) 修理者名称、地址、邮政编码和电话;

d) 整机三包有效期应不少于1年;

e) 主要零部件三包有效期应不少于1年;

f) 主要零部件清单;

g) 销售记录表、修理记录表;

h) 不实行三包的情况说明。

5.7 铭牌

铭牌应固定在机器的明显位置,其规格、材质应符合 GB/T 13306 的规定,其内容至少应包括:

a) 产品型号名称;

b) 生产企业名称及地址;

c) 设备功率;

d) 处理能力;

e) 生产日期;

f) 产品编号;

g) 产品标准执行代号。

6 检测方法

6.1 性能试验

6.1.1 粪污水含固率测定

按 GB/T 5262 规定的五点法在搅拌均匀的粪污水池中抽取5份样品,每份不少于50 g。将称取质量后的样品置于(105±2)℃恒温下干燥6 h,称取固体质量。各样品固体质量与样品质量之比的平均值即为粪污水含固率 a_1。

6.1.2 能源消耗量和处理能力的测定

试验开始前,测量粪污水池中粪污水的体积。启动固液分离机正常工作 1 h 以上,记录固液分离机工作时间和耗电量。试验结束后,测量粪污水池中剩余粪污水的体积。按式(1)和式(2)分别计算能源消耗量和处理能力。

$$G = \frac{G_n}{V_1 - V_2} \quad\cdots\cdots\cdots\cdots\cdots\cdots\cdots\cdots\cdots\cdots\cdots\cdots\cdots\cdots\cdots\cdots \quad (1)$$

式中:

G——固液分离机能源消耗量,单位为千瓦时每立方米[(kW·h)/m³];

G_n——固液分离机作业时的耗电量,单位为千瓦时(kW·h);

V_1——试验开始前粪污水池中粪污水的体积,单位为立方米(m³);

V_2——试验结束后粪污水池中粪污水的体积,单位为立方米(m³)。

$$E_z = \frac{V_1 - V_2}{T_z} \quad\cdots\cdots\cdots\cdots\cdots\cdots\cdots\cdots\cdots\cdots\cdots\cdots\cdots\cdots\cdots \quad (2)$$

式中:

E_z——固液分离机处理能力,单位为立方米每小时(m³/h);

T_z——固液分离机的作业时间,单位为小时(h)。

6.1.3 分离后粪污水含固率的测定

在固液分离机正常工作的前期、中期、后期,每个时期从分离后排出的粪污水中取 3 份样品,每份不少于 50 g。称取质量后,将样品置于(105±2)℃恒温下干燥 6 h。称取固体质量,计算含固率,取平均值作为分离后粪污水含固率 a_2。

6.1.4 分离后固形物含水率的测定

在固液分离机正常工作的前期、中期、后期,每个时期从分离后排出的固形物中取 3 份样品,每份不少于 50 g。称取质量后,将样品置于(105±2)℃恒温下干燥 6 h。称取固体质量,计算含水率,取平均值作为分离后固形物含水率 a_3。

6.1.5 固形物去除率的测定

按式(3)计算固形物去除率。

$$Q = \frac{(1-a_3) \times (a_1 - a_2)}{(1 - a_2 - a_3) \times a_1} \times 100 \quad\cdots\cdots\cdots\cdots\cdots\cdots\cdots\cdots\cdots\cdots\cdots \quad (3)$$

式中:

Q——固形物去除率,单位为百分率(%);

a_1——粪污水含固率,单位为百分率(%);

a_2——分离后粪污水含固率,单位为百分率(%);

a_3——分离后固形物含水率,单位为百分率(%)。

6.2 安全性检查

按 5.2 的规定逐项检查是否符合要求,其中任何一项不合格,判定安全要求不合格。

6.3 外观与装配质量检查

按 5.3 的规定采用目测法逐项检查是否符合要求,其中任何一项不合格,判定外观与装配质量不合格。

6.4 使用有效度测定

按 GB/T 5667 的规定进行生产考核,考核时间应不少于 100 h。按式(4)计算使用有效度。

$$K = \frac{\sum T_z}{\sum T_z + \sum T_g} \times 100 \quad\cdots\cdots\cdots\cdots\cdots\cdots\cdots\cdots\cdots\cdots\cdots \quad (4)$$

式中:

K——使用有效度;

T_z——生产考核期间的班次作业时间,单位为小时(h);

T_g——生产考核期间每班次故障时间，单位为小时(h)。

6.5 使用说明书审查

按5.5的规定逐项检查是否符合要求，其中任何一项不合格，判定使用说明书不合格。

6.6 三包凭证审查

按5.6的规定逐项检查是否符合要求，其中任何一项不合格，判定三包凭证不合格。

6.7 铭牌检查

按5.7的规定逐项检查是否符合要求，其中任何一项不合格，判定铭牌不合格。

7 检验规则

7.1 不合格项目分类

检验项目按其对产品质量影响的程度分为A、B两类，不合格项目分类见表4。

表4 检验项目及不合格分类

类别	序号	检验项目	对应质量要求的条款
A	1	安全要求	5.2
	2	固形物去除率	5.1
	3	处理能力	5.1
	4	使用有效度	5.4
B	1	能源消耗量	5.1
	2	分离后固形物含水率	5.1
	3	外观与装配质量	5.3
	4	使用说明书	5.5
	5	三包凭证	5.6
	6	铭牌	5.7

7.2 抽样方案

抽样方案按GB/T 2828.11—2008中表B.1的要求制定，见表5。

表5 抽样方案

检验水平	O
声称质量水平(DQL)	1
核查总体(N)	10
样本量(n)	1
不合格品限定数(L)	0

7.3 抽样方法

根据抽样方案确定，抽样基数为10台，被检样机为1台。样机在生产企业生产的合格产品中随机抽取(其中，在用户中和销售部门抽样时不受抽样基数限制)。样机应是一年内生产的产品。

7.4 判定规则

7.4.1 样机合格判定

对样机的A、B各类检验项目进行逐一检验和判定。当A类不合格项目数为0，B类不合格项目数不超过1时，判定样机为合格品；否则，判定样机为不合格品。

7.4.2 综合判定

若样机为合格品(即样机的不合格品数不大于不合格品限定数)，则判定通过；若样机为不合格品(即样机的不合格品数大于不合格品限定数)，则判定不通过。

附　录　A

（规范性附录）

产品规格确认表

产品规格确认表见表 A.1。

表 A.1　产品规格确认表

序号	项目		单位	设计值
1	型号名称		/	
2	结构型式		/	
3	筛分部分	斜筛片数	片	
		斜筛面积	m²	
		斜筛宽度	cm	
4	筛筒部分	筛筒直径	mm	
		筛筒长度	cm	
5	辊轮部分	辊轮级数	级	
		辊轮直径	mm	
		辊轮长度	cm	
6	螺旋挤压电机数量		个	
7	螺旋挤压电机总功率		kW	
8	振动电机数量		个	
9	振动电机总功率		kW	
10	离心电机数量		个	
11	离心电机总功率		kW	
12	辊压电机数量		个	
13	辊压电机总功率		kW	
14	输送带电机数量		个	
15	输送带电机总功率		kW	
16	清洗电机数量		个	
17	清洗电机总功率		kW	
18	清洗水泵数量		个	
19	清洗水泵总功率		kW	
20	总功率		kW	
21	外形尺寸(长×宽×高)		mm	
22	处理能力	猪粪污水	m³/h	
		牛粪污水		
		鸡粪污水		

注1：第 2 项应根据产品实际情况选择填写筛分、螺旋挤压、辊压、离心或其组合方式。

注2：单片斜筛面积大于 0.8 m² 的产品，第 4 项、第 21 项免填；适用处理多种粪污水时，应分别填写处理不同种类粪污水时产品所对应的处理能力。

注3：第 3 项至第 19 项根据产品实际配置情况选择填写。

ICS 65.060.30
B 91

中华人民共和国农业行业标准

NY/T 3120—2017

插秧机 安全操作规程

Rice transplanters—Codes of safe operation

2017-12-22 发布

2018-06-01 实施

中华人民共和国农业部 发布

前　言

本标准按照 GB/T 1.1—2009 给出的规则起草。

本标准由农业部农业机械化管理司提出。

本标准由全国农业机械标准化技术委员会农业机械化分技术委员会(SAC/TC 201/SC 2)归口。

本标准起草单位:江苏省农业机械试验鉴定站、洋马农机(中国)有限公司。

本标准主要起草人:刘勇、谢葆青、纪鸿波、李曙光、戚锁红、张婕、王智、曹俊、高玲。

插秧机 安全操作规程

1 范围

本标准规定了插秧机安全操作的基本条件及其在启动、起步、转移行驶、田间作业、停机检查、保养时的安全操作规程。

本标准适用于乘坐式插秧机(以下简称插秧机)的安全操作。手扶式插秧机可参照执行。

2 规范性引用文件

下列文件对于本文件的应用是必不可少的。凡是注日期的引用文件,仅注日期的版本适用于本文件。凡是不注日期的引用文件,其最新版本(包括所有的修改单)适用于本文件。

GB/T 20864 水稻插秧机 技术条件

3 安全操作的基本条件

3.1 操作人员应是经过专业培训合格的人员,熟读机具使用说明书,熟知安全注意事项和安全警示标志的含义。

3.2 操作人员作业时应穿戴紧身合体的作业服以及防滑水靴。

3.3 有下列情况之一的人员禁止操作插秧机:

——饮酒或服用国家管制的精神药品和麻醉药品的;

——患有妨碍安全操作的疾病或疲劳的。

3.4 有下列情形之一的插秧机应禁止使用:

——禁用、报废的或非法拼装、改装的;

——改变插秧机出厂时的安全状态,如运动部件安全防护、工作台安全防护失效等。

4 启动

4.1 启动前,应按照使用说明书的规定检查润滑油、液压油、燃油、冷却液,检查各传动件、紧固件、插植臂和其他运动部件,确认各部件安全技术状态良好。

4.2 启动时,确保周围安全,应将插秧机变速杆放置于"空挡"或"中立"位置,插秧离合器手柄置于"空挡"位置后方可启动。观察各部件运转是否正常。使用反冲式启动器时,绳索不得缠在手上,身后不得站人。

4.3 室内启动时,须打开门窗,保持空气流通。

5 起步

5.1 起步前,应检查确认各信号仪表指示无异常,操纵机构灵活可靠,旋转部件无卡滞,空运转平稳且无异响,各部位无漏水、漏油、漏气现象。

5.2 观察周围是否有人或障碍物,确认安全后方可起步。

6 转移行驶

6.1 插秧机较长距离转移时,应使用车辆运输;作业地装卸时,应使用符合使用说明书要求、规格合适的跳板,插秧机不得在跳板上进行变速、变向操作;插秧机作业后使用跳板装车前,须清洗掉行走轮上黏附的泥块,防止打滑。

6.2 插秧机在田间转移时应不带秧低速行驶,遇到障碍物时,立即停止行驶,查看状况后做相应处理。

6.3 插秧机在田间道路行驶时,应锁定插植部和划行器,注意导轨两侧的保护,防止碰撞折损;行驶中不得使用差速锁;带有左右制动器踏板连锁板的机具应在连接状态下行驶。

6.4 上坡行驶时,将变速手柄切换到田块作业状态,遇坡陡正向行驶有后倾危险时,应倒车上坡。

6.5 下坡行驶时,不得空挡或分离离合器滑行。

6.6 避免在坡道上停车。确需在坡道上停车时,应锁定制动器,并采取可靠的防滑、防溜车措施。

6.7 操作者离开操作座位时应驻车制动。

7 田间作业

7.1 操作者应告知辅助人员相关的安全注意事项。在插秧机没有安全防护设施的条件下,不应有辅助人员上机作业。

7.2 作业前检查田块,作业田块应泥碎田平、泥脚深度适合作业,符合 GB/T 20864 的要求。

7.3 作业时,应注意插秧机周围情况,禁止无关人员靠近机具。

7.4 根据使用说明书要求装载秧苗,不得超载。

7.5 插秧机过沟或田埂时,应及时升降插植部,直线、垂直、缓慢通过,必要时,应搭建渡桥或修有一定坡度的出入口。

7.6 插秧机在田埂边转弯、倒退时,应升起插植部、收起划行器,观察周围状况。

7.7 补充秧苗时,发动机应低速运转或停机,主变速手柄和插秧离合器手柄应置于"空挡"位置。

7.8 插植臂工作异常,出现异物卡在秧爪上等现象时,应迅速切断主离合器、停机检查,排除故障。

7.9 作业田块泥脚深度过大,插秧机发生下陷时,需断开插秧离合器。转移时,不能推拉导轨、秧箱等薄弱部分。

7.10 作业过程中禁止吸烟和出现明火。

7.11 避免夜间插秧作业。

7.12 插秧机在作业时发生事故的,操作人员应:
——立即停止作业,保护现场;
——造成人员伤害的,及时采取措施,抢救受伤人员,并向事故发生地农业机械化主管部门报告;
——造成人员死亡的,还应向事故发生地公安机关等报案。

8 停机检查

8.1 插秧机作业中,遇到下列情况之一时应立即停机进行检查,并排除故障:
——发动机或传动箱突然出现声响或气味等异常情况;
——发动机转速异常升高,油门控制失效;
——插植部发出异响,安全离合器突然分离;
——其他异常现象。

8.2 发动机出现异常高温时,应停止作业,使发动机在无负荷状态下低速运转到温度降低后再停机。

8.3 禁止在热机状态下拧开水箱盖。

9 保养

9.1 常规保养

9.1.1 作业结束,待机器完全冷却后用水冲洗,避免空气滤清器和电器系统进水。

9.1.2 及时按机具保养要求进行技术维护。

9.1.3 加注或补充燃油和润滑油时,应在停机后进行。

9.2 入库保养

9.2.1 清洗干净后,将插秧机停放在地势平坦、灰尘少、湿度低、避光、无腐蚀性物质的场所。

9.2.2 长期存放时,汽油发动机应放空燃油箱和化油器内的汽油;柴油发动机应将柴油加满燃油箱。

9.2.3 应断开蓄电池电源,或拆下蓄电池妥善保管。

9.2.4 应按国家规定的方法处理废机油、油滤器、油封、蓄电池等有害物质。

————————————

ICS 65.060.50
B 92

中华人民共和国农业行业标准

NY/T 3121—2017

青贮饲料包膜机　质量评价技术规范

Silage coating machines—Technical specification of quality evaluation

2017-12-22 发布

2018-06-01 实施

中华人民共和国农业部 发布

前　言

本标准按照 GB/T 1.1—2009 给出的规则起草。

本标准由农业部农业机械化管理司提出。

本标准由全国农业机械标准化技术委员会农业机械化分技术委员会(SAC/TC 201/SC 2)归口。

本标准起草单位:内蒙古自治区农牧业机械试验鉴定站。

本标准主要起草人:吴淑琴、周风林、郭海杰、王帅、包乌云毕力格。

青贮饲料包膜机 质量评价技术规范

1 范围

本标准规定了青贮饲料包膜机的基本要求、质量要求、检测方法和检验规则。

本标准适用于青贮饲料包膜机(以下简称包膜机)的质量评定。

2 规范性引用文件

下列文件对于本文件的应用是必不可少的。凡是注日期的引用文件,仅注日期的版本适用于本文件。凡是不注日期的引用文件,其最新版本(包括所有的修改单)适用于本文件。

GB/T 2828.11—2008 计数抽样检验程序 第11部分:小总体声称质量水平的评定程序

GB/T 5667 农业机械 生产试验方法

GB/T 9480 农林拖拉机和机械、草坪和园艺动力机械 使用说明书编写规则

GB 10396 农林拖拉机和机械、草坪和园艺动力机械 安全标志和危险图形 总则

GB/T 13306 标牌

GB/T 14290 圆草捆打捆机

GB 23821 机械安全 防止上下肢触及危险区的安全距离

JB/T 8574 农机具产品型号编制规则

3 术语和定义

下列术语和定义适用于本文件。

3.1

青贮饲料包膜机 **silage coating machine**

将作为青贮饲料的圆草捆用塑料薄膜缠绕包裹的方式进行密封包装的机具。

4 基本要求

4.1 质量评价所需的文件资料

对包膜机进行质量评价所提供的文件资料应包括:

a) 产品规格确认表(见附录A);

b) 企业产品执行标准或产品制造验收技术条件;

c) 产品使用说明书;

d) 三包凭证;

e) 样机照片(正前方、正后方、正前方两侧45°各1张)。

4.2 产品型号编制规则

产品型号的编制应符合JB/T 8574的要求,依次由分类代号、特征代号和主参数三部分组成,分类代号和特征代号与主参数之间,以短横线隔开。

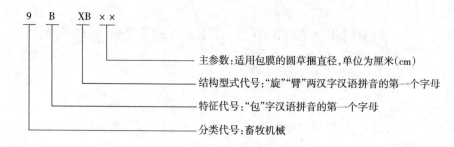

主参数:适用包膜的圆草捆直径,单位为厘米(cm)

结构型式代号:"旋""臂"两汉字汉语拼音的第一个字母

特征代号:"包"字汉语拼音的第一个字母

分类代号:畜牧机械

示例:

适用包膜圆草捆直径为 50 cm 的旋臂式包膜机表示为:9BXB‐50。

4.3 主要技术参数核对与测量

依据产品使用说明书、铭牌和其他技术文件,对样机的主要技术参数按表 1 进行核对或测量。

表 1 核测项目与方法

序号	核测项目		单位	方法
1	规格型号		—	核对
2	结构型式		—	核对
3	外形尺寸(长×宽×高)		mm	测量
4	结构质量		kg	核对
5	适用包膜圆草捆	直径	cm	核对
		宽度	cm	核对
6	配套动力	功率	kW	核对
		转速	r/min	测量
7	转盘转速		r/min	测量
8	旋臂转速		r/min	测量
9	旋臂回转半径		cm	测量

4.4 试验条件

4.4.1 工作环境温度 0℃~36℃。

4.4.2 试验前测量用于包膜的青贮饲料圆草捆尺寸、质量应符合使用说明书的规定,草捆密度不小于 115 kg/m³,含水率 50%~75%,圆草捆表面无影响包膜质量的凸出尖锐物。

4.4.3 用于包膜的塑料薄膜应符合使用说明书的规定。

4.4.4 试验样机均按使用说明书进行调整、保养,技术状态良好。

4.4.5 试验电源符合使用说明书的规定,其电压变动量应保持在额定电压±5%范围内。

4.5 主要仪器设备

试验用仪器设备应经过计量检定或校准且在有效期内。仪器设备的测量范围应符合表 2 的规定,准确度要求应不低于表 2 的规定。

表 2 主要试验用仪器设备测量范围和准确度要求

序号	被测参数名称	测量范围	准确度要求
1	长度	0 m~10 m	1 mm
2	质量	0 kg~500 kg	50 g
		0 g~200 g	0.1 g
3	时间	0 h~24 h	1 s/d
4	耗电量	0 kW·h~500 kW·h	1.0%
5	转速	0 r/min~500 r/min	1 r/min
6	电阻	0 MΩ~200 MΩ	2.5 级

5 质量要求

5.1 性能指标要求

在满足 4.4 试验条件下,包膜机主要性能指标应符合表 3 的要求。

表 3 主要性能指标要求

序号	项 目	质量指标			对应的检测方法条款号
		草捆直径 50 cm～90 cm(含)	草捆直径 90 cm～120 cm(含)	草捆直径 120 cm～150 cm	
1	膜纵向拉伸率	50%～70%			6.2.2.1
2	包膜层数,层	≥2	≥3	≥4	6.2.2.2
3	包膜均匀性变异系数	≤16%			6.2.2.3
4	每层包膜时间,s/层	≤15	≤25	≤35	6.2.2.4
5	每层吨草耗电,(kW·h)/t	≤0.15	≤0.20	≤0.25	6.2.2.5
6	每层吨草耗油,kg/t	≤0.15	≤0.20	≤0.25	6.2.2.6
7	包膜后表面质量	包膜后圆草捆表面平整,拉伸膜无破损			6.2.2.7

5.2 安全要求

5.2.1 包膜机上应设置紧急停车装置,当出现紧急情况(设备损坏或人身危险)时即可切断动力。

5.2.2 使用电动机为配套动力的包膜机应设置由电气开关组成的闭锁/开锁装置,在闭锁位置时,任何启动设备的操作,将不能进行;电控柜及机体应有接地符号的接地装置,电动机接线端子与机体间的绝缘电阻应不小于 1 MΩ。

5.2.3 外露传动件、旋转部件应有牢固的防护装置,安全防护距离应符合 GB 23821 的要求。

5.2.4 可能影响人身安全的部位应有符合 GB 10396 要求的安全标志。机器上应有醒目的包含"作业时远离机器"内容的标志,电控柜应有醒目的防触电安全标志,操作按钮处应用中文文字或符号标志标明用途。

5.3 装配与外观质量

5.3.1 装配质量

5.3.1.1 各紧固件安装牢固,不应有漏装和错装现象。

5.3.1.2 阻尼器应调整方便,保证膜卷正常转动。

5.3.1.3 总装后应做空运转试验,旋臂(转盘)转动灵活,无异常声响。

5.3.2 涂漆和外观质量

5.3.2.1 涂漆表面应均匀、光滑、色调一致,不应有皱纹、脱皮。

5.3.2.2 紧固件应进行表面镀锌或发蓝黑等处理。

5.3.2.3 冲压件或切割件不得有毛刺、裂纹和明显残缺皱褶,外露表面不得有明显碰伤、划痕。

5.3.3 焊接质量

焊合件不应有漏焊、裂纹、夹渣、烧穿和未焊透等缺陷。

5.4 使用有效度

包膜机的使用有效度应不小于 95%。生产试验过程中,如果发生重大质量故障,不再继续进行试验,可靠性评价结果为不合格。重大质量故障是指危及人身和设备安全,造成重大经济损失的故障,以及主要零部件(电机、托盘或旋臂等)严重损坏,难以正常作业,需停机检修的故障。

5.5 使用说明书

使用说明书应按照 GB/T 9480 的规定编写,其内容至少应包括:

a) 安全注意事项,复现安全警示标识,明示粘贴位置;

b) 主要用途和适用范围;

c) 产品执行标准代号及主要技术参数,产品结构特征及工作原理;

d) 正确的安装与调试方法及操作说明;

e) 维护与保养要求;

f) 常见故障及排除方法;

g) 易损件清单。

5.6 三包凭证

包膜机应有三包凭证,其内容至少应包括:

a) 产品名称、型号、规格、出厂编号、购买日期;

b) 生产企业名称、地址、邮政编码、售后服务联系电话;

c) 修理者名称、地址、邮政编码和电话;

d) 整机三包有效期应不少于1年;

e) 主要零部件三包有效期应不少于1年;

f) 主要零部件清单;

g) 销售记录表、修理记录表;

h) 不实行三包的情况说明。

5.7 铭牌

铭牌应固定在机器的明显位置,其规格、材质应符合 GB/T 13306 的要求,其内容至少应包括:

a) 产品名称及型号;

b) 配套动力额定功率;

c) 外形尺寸;

d) 整机质量;

e) 最大包膜直径;

f) 生产率;

g) 产品执行标准;

h) 出厂编号、日期;

i) 制造厂名称、地址。

6 检测方法

6.1 试验条件

将进行包膜的青贮饲料圆草捆中随机抽取两包散开,按照 GB/T 14290 的规定测定青贮饲料圆草捆尺寸、质量,草捆密度、青贮饲料圆草捆含水率。

6.2 性能检测

6.2.1 空载试验

在额定转速下进行 30 min 空运转,要求设备运转平稳,旋臂(转盘)转动灵活,不得有异常声响,操作装置安全可靠;各连接件连接可靠,紧固件不得有松动现象。

6.2.2 负载试验

按试验条件准备至少 30 捆规格一致的青贮饲料圆草捆,试验过程中设定相同的包膜层数。

6.2.2.1 膜纵向拉伸率

试验前测量膜卷的周长 A,在膜卷宽度约 1/2 处扎一个直径约 2 mm 深度适中的小孔,用深色油性颜料涂入孔内。包膜结束后,在包膜后的青贮饲料圆草捆最外层从某一个标示孔(记为第一标示孔)起,连续数出 3 个标示孔,测量第一标示孔首端边缘至第三标示孔首端边缘之间的距离 J,按式(1)计算。

$$L = 2A \quad\text{……………………………………………}(1)$$

式中:

L ——第一标示孔首端边缘至第三标示孔首端边缘在膜卷上的原始长度,单位为毫米(mm);

A ——第一个标示孔对应的膜卷周长,单位为毫米(mm)。

膜纵向拉伸率按式(2)计算,测 6 捆取平均值。

$$\eta = \frac{J - L}{L} \times 100 \quad\text{…………………………………}(2)$$

式中:

η ——膜纵向拉伸率,单位为百分率(%);

J ——第一标示孔首端边缘至第三标示孔首端边缘之间的距离,单位为毫米(mm)。

6.2.2.2 包膜层数

随机抽取 3 个包膜后草捆,在草捆的圆柱面上,随机选择一柱面高度,用刀片沿圆周方向划开一圈,均匀选 5 点,查看包膜层数;在随机 3 个包膜后草捆沿两个底面中心平行于圆柱轴线方向用刀片划开一圈,均匀选 10 点,查看包膜层数(膜边缘重叠处除外),最少层数为包膜层数 C_s。

6.2.2.3 包膜均匀性变异系数

测定包膜层数的同时,记录各点层数,按式(3)、式(4)、式(5)计算变异系数。

$$C = \frac{C_1 + C_2 + \cdots + C_{45}}{45} = \sum_{i}^{45} C_i / 45 \quad\text{…………………}(3)$$

式中:

C ——平均值,单位为层;

C_i ——$C_1, C_2, \cdots, C_{45}$ 为各点层数,单位为层。

$$S = \sqrt{\frac{\sum_{i}^{45}(C_i - C)^2}{45 - 1}} \quad\text{………………………………}(4)$$

式中:

S ——标准差,单位为层。

$$X = \frac{S}{C} \times 100 \quad\text{……………………………………}(5)$$

式中:

X ——变异系数,单位为百分率(%)。

6.2.2.4 每层包膜时间

按式(6)计算,测 6 捆取平均值。

$$T_y = \frac{T_b}{C_s} \quad\text{…………………………………………}(6)$$

式中:

T_y ——每层包膜时间,单位为秒每层(s/层);

T_b ——包膜机开始包膜至草捆包膜完成的时间,单位为秒(s);

C_s ——包膜层数,单位为层。

6.2.2.5 每层吨草耗电

按式(7)计算,测 30 捆取平均值。

$$G_d = \frac{\sum G_{hd}}{\sum Q_t} \quad\text{………………………………………}(7)$$

式中：

G_d ——每捆吨草耗电，单位为千瓦时每吨[(kW·h)/t]；

G_{hd} ——包膜工作时间内的耗电量，单位为千瓦时(kW·h)；

Q_t ——包膜工作时间内的作业量，单位为吨(t)。

每层吨草耗电按式(8)计算。

$$G_{dc} = \frac{G_d}{C_s} \cdots\cdots\cdots\cdots\cdots\cdots\cdots\cdots\cdots\cdots\cdots\cdots\cdots\cdots\cdots\cdots\cdots\cdots\cdots\cdots\cdots \quad (8)$$

式中：

G_{dc} ——每层吨草耗电，单位为千瓦时每吨[(kW·h)/t]。

6.2.2.6 每层吨草耗油

采用试验前后称重方法测定耗油量，即试验前、后将油箱加满，记录试验后加入油箱的油的质量。吨草耗油按式(9)计算。

$$G_y = \frac{\sum G_{hy}}{\sum Q_{st}} \cdots\cdots\cdots\cdots\cdots\cdots\cdots\cdots\cdots\cdots\cdots\cdots\cdots\cdots\cdots\cdots\cdots\cdots \quad (9)$$

式中：

G_y ——吨草耗油，单位为千克每吨(kg/t)；

G_{hy} ——试验时间内耗油量，单位为千克(kg)；

Q_{st} ——试验时间内作业量，单位为吨(t)。

每层吨草耗油按式(10)计算。

$$G_{yc} = \frac{G_y}{C_s} \cdots\cdots\cdots\cdots\cdots\cdots\cdots\cdots\cdots\cdots\cdots\cdots\cdots\cdots\cdots\cdots\cdots\cdots\cdots\cdots\cdots \quad (10)$$

式中：

G_{yc} ——每层吨草耗电，单位为千克每吨(kg/t)。

6.2.2.7 包膜后表面质量

采用目测法检查包膜后的圆草捆，要求表面平整，拉伸膜无破损、无破包。测30捆，其中任一捆不合格，判该项不合格。

6.3 安全性检查

按照5.2的规定逐项检查是否符合要求，其中任一项不合格，判安全要求不合格。

6.4 装配与外观质量检查

6.4.1 装配质量检查

按照5.3.1的规定采用目测法逐项检查是否符合要求，其中任一项不合格，判装配质量不合格。

6.4.2 涂漆和外观质量检查

按照5.3.2的规定采用目测法逐项检查是否符合要求，其中任一项不合格，判涂漆和外观质量不合格。

6.4.3 焊接质量检查

按照5.3.3的规定采用目测法检查。

6.5 使用有效度测定

按照GB/T 5667的规定进行生产考核，考核时间应不少于100 h。按式(11)计算使用有效度。

$$K = \frac{\sum T_z}{\sum T_z + \sum T_g} \times 100 \cdots\cdots\cdots\cdots\cdots\cdots\cdots\cdots\cdots\cdots\cdots\cdots\cdots\cdots\cdots \quad (11)$$

式中：

K ——使用有效度，单位为百分率(%)；

T_z——生产考核期间的班次作业时间,单位为小时(h);

T_g——生产考核期间每班次故障时间,单位为小时(h)。

6.6 使用说明书审查

按照 5.5 的规定逐项检查是否符合要求,其中任一项不合格,判使用说明书不合格。

6.7 三包凭证审查

按照 5.6 的规定逐项检查是否符合要求,其中任一项不合格,判三包凭证不合格。

6.8 铭牌检查

按照 5.7 的规定逐项检查是否符合要求,其中任一项不合格,判铭牌不合格。

7 检验规则

7.1 不合格项目分类

检验项目按其对产品质量影响的程度分为 A、B 两类,不合格项目分类见表 4。

表 4 检验项目及不合格分类

类别	序号	项 目	对应质量要求的条款
A	1	安全要求	5.2
	2	膜纵向拉伸率	5.1
	3	包膜层数	5.1
	4	包膜均匀性变异系数	5.1
	5	使用有效度	5.4
B	1	每层包膜时间	5.1
	2	每层吨草耗电	5.1
	3	每层吨草耗油	5.1
	4	包膜后表面质量	5.1
	5	装配质量	5.3.1
	6	涂漆和外观质量	5.3.2
	7	焊接质量	5.3.3
	8	使用说明书	5.5
	9	三包凭证	5.6
	10	铭牌	5.7

7.2 抽样方案

抽样方案按照 GB/T 2828.11—2008 中表 B.1 制订,见表 5。

表 5 抽样方案

检验水平	O
声称质量水平(DQL)	1
核查总体(N)	10
样本量(n)	1
不合格品限定数(L)	0

7.3 抽样方法

根据抽样方案确定,抽样基数为 10 台,被检样机为 1 台,样机在生产企业生产的合格产品中随机抽取(其中,在用户中和销售部门抽样时不受抽样基数限制)。样机应是一年内生产的产品。

7.4 判定规则

7.4.1 样机合格判定

对样机的 A、B 各类检验项目进行逐一检验和判定,当 A 类不合格项目数为 0,B 类不合格项目数不超过 1 时,判定样机为合格品;否则,判定样机为不合格品。

7.4.2 综合判定

若样机为合格品(即样机的不合格品数不大于不合格品限定数),则判通过;若样机为不合格品(即样机的不合格品数大于不合格品限定数),则判不通过。

附　录　A

（规范性附录）

产品规格确认表

产品规格确认表见表 A.1。

表 A.1　产品规格确认表

序号	项　　目		单位	设计值
1	规格型号		—	
2	结构型式		—	
3	外形尺寸(长×宽×高)		mm	
4	结构质量		kg	
5	适用包膜圆草捆	直径	cm	
		宽度		
6	配套动力	功率	kW	
		转速	r/min	
7	转盘转速		r/min	
8	旋臂转速		r/min	
9	旋臂回转半径		cm	

附录

中华人民共和国农业部公告
第 2540 号

一、《禽结核病诊断技术》等 87 项标准业经专家审定通过,现批准发布为中华人民共和国农业行业标准,自 2017 年 10 月 1 日起实施。

二、马氏珠母贝(SC/T 2071—2014)标准"1 范围"部分第一句修改为"本标准给出了马氏珠母贝[又称合浦珠母贝,Pinctata fucata martensii(Dunker,1872)]主要形态构造特征、生长与繁殖、细胞遗传学特征、检测方法和判定规则。";"3.1 学名"部分修改为"马氏珠母贝[又称合浦珠母贝,Pinctata fucata martensii(Dunker,1872)]。"

三、《无公害农产品 生产质量安全控制技术规范第 13 部分:养殖水产品》(NY/T 2798.13—2015)第 3.1.1b)款中的"一类"修改为"二类以上"。

特此公告。

附件:《禽结核病诊断技术》等 87 项农业行业标准目录

农业部
2017 年 6 月 12 日

附件：

《禽结核病诊断技术》等87项农业行业标准目录

序号	标准号	标准名称	代替标准号
1	NY/T 3072—2017	禽结核病诊断技术	
2	NY/T 551—2017	鸡产蛋下降综合征诊断技术	NY/T 551—2002
3	NY/T 536—2017	鸡伤寒和鸡白痢诊断技术	NY/T 536—2002
4	NY/T 3073—2017	家畜魏氏梭菌病诊断技术	
5	NY/T 1186—2017	猪支原体肺炎诊断技术	NY/T 1186—2006
6	NY/T 539—2017	副结核病诊断技术	NY/T 539—2002
7	NY/T 567—2017	兔出血性败血症诊断技术	NY/T 567—2002
8	NY/T 3074—2017	牛流行热诊断技术	
9	NY/T 1471—2017	牛毛滴虫病诊断技术	NY/T 1471—2007
10	NY/T 3075—2017	畜禽养殖场消毒技术	
11	NY/T 3076—2017	外来入侵植物监测技术规程　大藻	
12	NY/T 3077—2017	少花蒺藜草综合防治技术规范	
13	NY/T 3078—2017	隐性核雄性不育两系杂交棉制种技术规程	
14	NY/T 3079—2017	质核互作雄性不育三系杂交棉制种技术规程	
15	NY/T 3080—2017	大白菜抗黑腐病鉴定技术规程	
16	NY/T 3081—2017	番茄抗番茄黄化曲叶病毒鉴定技术规程	
17	NY/T 3082—2017	水果、蔬菜及其制品中叶绿素含量的测定　分光光度法	
18	NY/T 3083—2017	农用微生物浓缩制剂	
19	NY/T 3084—2017	西北内陆棉区机采棉生产技术规程	
20	NY/T 3085—2017	化学农药　意大利蜜蜂幼虫毒性试验准则	
21	NY/T 3086—2017	长江流域薯区甘薯生产技术规程	
22	NY/T 3087—2017	化学农药　家蚕慢性毒性试验准则	
23	NY/T 3088—2017	化学农药　天敌（瓢虫）急性接触毒性试验准则	
24	NY/T 3089—2017	化学农药　青鳉一代繁殖延长试验准则	
25	NY/T 3090—2017	化学农药　浮萍生长抑制试验准则	
26	NY/T 3091—2017	化学农药　蚯蚓繁殖试验准则	
27	NY/T 3092—2017	化学农药　蜜蜂影响半田间试验准则	
28	NY/T 1464.63—2017	农药田间药效试验准则　第63部分:杀虫剂防治枸杞刺皮瘿螨	
29	NY/T 1464.64—2017	农药田间药效试验准则　第64部分:杀菌剂防治五加科植物黑斑病	
30	NY/T 1464.65—2017	农药田间药效试验准则　第65部分:杀菌剂防治茭白锈病	
31	NY/T 1464.66—2017	农药田间药效试验准则　第66部分:除草剂防治谷子田杂草	
32	NY/T 1464.67—2017	农药田间药效试验准则　第67部分:植物生长调节剂保鲜水果	
33	NY/T 1859.9—2017	农药抗性风险评估　第9部分:蚜虫对新烟碱类杀虫剂抗性风险评估	
34	NY/T 1859.10—2017	农药抗性风险评估　第10部分:专性寄生病原真菌对杀菌剂抗性风险评估	
35	NY/T 1859.11—2017	农药抗性风险评估　第11部分:植物病原细菌对杀菌剂抗性风险评估	

（续）

序号	标准号	标准名称	代替标准号
36	NY/T 1859.12—2017	农药抗性风险评估　第12部分:小麦田杂草对除草剂抗性风险评估	
37	NY/T 3093.1—2017	昆虫化学信息物质产品田间药效试验准则　第1部分:昆虫性信息素诱杀农业害虫	
38	NY/T 3093.2—2017	昆虫化学信息物质产品田间药效试验准则　第2部分:昆虫性迷向素防治农业害虫	
39	NY/T 3093.3—2017	昆虫化学信息物质产品田间药效试验准则　第3部分:昆虫性迷向素防治梨小食心虫	
40	NY/T 3094—2017	植物源性农产品中农药残留储藏稳定性试验准则	
41	NY/T 3095—2017	加工农产品中农药残留试验准则	
42	NY/T 3096—2017	农作物中农药代谢试验准则	
43	NY/T 3097—2017	北方水稻集中育秧设施建设标准	
44	NY/T 844—2017	绿色食品　温带水果	NY/T 844—2010
45	NY/T 1323—2017	绿色食品　固体饮料	NY/T 1323—2007
46	NY/T 420—2017	绿色食品　花生及制品	NY/T 420—2009
47	NY/T 751—2017	绿色食品　食用植物油	NY/T 751—2011
48	NY/T 1509—2017	绿色食品　芝麻及其制品	NY/T 1509—2007
49	NY/T 431—2017	绿色食品　果(蔬)酱	NY/T 431—2009
50	NY/T 1508—2017	绿色食品　果酒	NY/T 1508—2007
51	NY/T 1885—2017	绿色食品　米酒	NY/T 1885—2010
52	NY/T 897—2017	绿色食品　黄酒	NY/T 897—2004
53	NY/T 1329—2017	绿色食品　海水贝	NY/T 1329—2007
54	NY/T 1889—2017	绿色食品　烘炒食品	NY/T 1889—2010
55	NY/T 1513—2017	绿色食品　畜禽可食用副产品	NY/T 1513—2007
56	NY/T 1042—2017	绿色食品　坚果	NY/T 1042—2014
57	NY/T 5341—2017	无公害农产品　认定认证现场检查规范	NY/T 5341—2006
58	NY/T 5339—2017	无公害农产品　畜禽防疫准则	NY/T 5339—2006
59	NY/T 3098—2017	加工用桃	
60	NY/T 3099—2017	桂圆加工技术规范	
61	NY/T 3100—2017	马铃薯主食产品　分类和术语	
62	NY/T 83—2017	米质测定方法	NY/T 83—1988
63	NY/T 3101—2017	肉制品中红曲色素的测定　高效液相色谱法	
64	NY/T 3102—2017	枇杷储藏技术规范	
65	NY/T 3103—2017	加工用葡萄	
66	NY/T 3104—2017	仁果类水果(苹果和梨)采后预冷技术规范	
67	SC/T 2070—2017	大泷六线鱼	
68	SC/T 2074—2017	刺参繁育与养殖技术规范	
69	SC/T 2075—2017	中国对虾繁育技术规范	
70	SC/T 2076—2017	钝吻黄盖鲽　亲鱼和苗种	
71	SC/T 2077—2017	漠斑牙鲆	
72	SC/T 3112—2017	冻梭子蟹	SC/T 3112—1996

（续）

序号	标准号	标准名称	代替标准号
73	SC/T 3208—2017	鱿鱼干、墨鱼干	SC/T 3208—2001
74	SC/T 5021—2017	聚乙烯网片 经编型	SC/T 5021—2002
75	SC/T 5022—2017	超高分子量聚乙烯网片 经编型	
76	SC/T 4066—2017	渔用聚酰胺经编网片通用技术要求	
77	SC/T 4067—2017	浮式金属框架网箱通用技术要求	
78	SC/T 7223.1—2017	黏孢子虫病诊断规程 第1部分:洪湖碘泡虫	
79	SC/T 7223.2—2017	黏孢子虫病诊断规程 第2部分:吴李碘泡虫	
80	SC/T 7223.3—2017	黏孢子虫病诊断规程 第3部分:武汉单极虫	
81	SC/T 7223.4—2017	黏孢子虫病诊断规程 第1部分:几陶单极虫	
82	SC/T 7224—2017	鲤春病毒血症病毒逆转录环介导等温扩增(RT-LAMP)检测方法	
83	SC/T 7225—2017	草鱼呼肠孤病毒逆转录环介导等温扩增(RT-LAMP)检测方法	
84	SC/T 7226—2017	鲑甲病毒感染诊断规程	
85	SC/T 8141—2017	木质渔船捻缝技术要求及检验方法	
86	SC/T 8146—2017	渔船集鱼灯镇流器安全技术要求	
87	SC/T 5062—2017	金龙鱼	

中华人民共和国农业部公告
第 2545 号

《海洋牧场分类》标准业经专家审定通过，现批准发布为中华人民共和国水产行业标准，标准号 SC/T 9111—2017，自 2017 年 9 月 1 日起实施。

特此公告。

农业部

2017 年 6 月 22 日

中华人民共和国农业部公告
第 2589 号

　　《植物油料含油量测定　近红外光谱法》等 20 项标准业经专家审定通过,现批准发布为中华人民共和国农业行业标准,自 2018 年 1 月 1 日起实施。

　　特此公告。

　　附件:《植物油料含油量测定　近红外光谱法》等 20 项农业行业标准目录

农业部

2017 年 9 月 30 日

附　录

附件：

《植物油料含油量测定　近红外光谱法》等20项农业行业标准目录

序号	标准号	标准名称	代替标准号
1	NY/T 3105—2017	植物油料含油量测定　近红外光谱法	
2	NY/T 3106—2017	花生黄曲霉毒素检测抽样技术规程	
3	NY/T 3107—2017	玉米中黄曲霉素预防和减控技术规程	
4	NY/T 3108—2017	小麦中玉米赤霉烯酮类毒素预防和减控技术规程	
5	NY/T 3109—2017	植物油脂中辣椒素的测定　免疫分析法	
6	NY/T 3110—2017	植物油料中全谱脂肪酸的测定　气相色谱-质谱法	
7	NY/T 3111—2017	植物油中甾醇含量的测定　气相色谱-质谱法	
8	NY/T 3112—2017	植物油中异黄酮的测定　液相色谱-串联质谱法	
9	NY/T 3113—2017	植物油中香草酸等6种多酚的测定　液相色谱-串联质谱法	
10	NY/T 3114.1—2017	大豆抗病虫性鉴定技术规范　第1部分:大豆抗花叶病毒病鉴定技术规范	
11	NY/T 3114.2—2017	大豆抗病虫性鉴定技术规范　第2部分:大豆抗灰斑病鉴定技术规范	
12	NY/T 3114.3—2017	大豆抗病虫性鉴定技术规范　第3部分:大豆抗霜霉病鉴定技术规范	
13	NY/T 3107.4—2017	大豆抗病虫性鉴定技术规范　第4部分:大豆抗细菌性斑点病鉴定技术规范	
14	NY/T 3114.5—2017	大豆抗病虫性鉴定技术规范　第5部分:大豆抗大豆蚜鉴定技术规范	
15	NY/T 3114.6—2017	大豆抗病虫性鉴定技术规范　第6部分:大豆抗食心虫鉴定技术规范	
16	NY/T 3115—2017	富硒大蒜	
17	NY/T 3116—2017	富硒马铃薯	
18	NY/T 3117—2017	杏鲍菇工厂化生产技术规程	
19	SC/T 1135.1—2017	稻渔综合种养技术规范　第1部分:通则	
20	SC/T 8151—2017	渔业船舶建造开工技术条件及要求	

附　录

中华人民共和国农业部公告
第 2622 号

　　《农业机械出厂合格证　拖拉机和联合收割(获)机》等87项标准业经专家审定通过,现批准发布为中华人民共和国农业行业标准,自2018年6月1日起实施。

　　特此公告。

　　附件:《农业机械出厂合格证　拖拉机和联合收割(获)机》等87项农业行业标准目录

农业部

2017年12月22日

附 录

附件:

《农业机械出厂合格证　拖拉机和联合收割(获)机》等87项农业行业标准目录

序号	标准号	标准名称	代替标准号
1	NY/T 3118—2017	农业机械出厂合格证　拖拉机和联合收割(获)机	
2	NY/T 3119—2017	畜禽粪便固液分离机　质量评价技术规范	
3	NY/T 365—2017	窝眼滚筒式种子分选机　质量评价技术规范	NY/T 365—1999
4	NY/T 369—2017	种子初清机　质量评价技术规范	NY/T 369—1999
5	NY/T 371—2017	种子用计量包装机　质量评价技术规范	NY/T 371—1999
6	NY/T 645—2017	玉米收获机　质量评价技术规范	NY/T 645—2002
7	NY/T 649—2017	养鸡机械设备安装技术要求	NY/T 649—2002
8	NY/T 3120—2017	插秧机　安全操作规程	
9	NY/T 3121—2017	青贮饲料包膜机　质量评价技术规范	
10	NY/T 3122—2017	水生物检疫检验员	
11	NY/T 3123—2017	饲料加工工	
12	NY/T 3124—2017	兽用原料药制造工	
13	NY/T 3125—2017	农村环境保护工	
14	NY/T 3126—2017	休闲农业服务员	
15	NY/T 3127—2017	农作物植保员	
16	NY/T 3128—2017	农村土地承包仲裁员	
17	NY/T 3129—2017	棉隆土壤消毒技术规程	
18	NY/T 3130—2017	生乳中L-羟脯氨酸的测定	
19	NY/T 3131—2017	豆科牧草种子生产技术规程红豆草	
20	NY/T 3132—2017	绍兴鸭	
21	NY/T 3133—2017	饲用灌木微贮技术规程	
22	NY/T 3134—2017	萨福克羊种羊	
23	NY/T 3135—2017	饲料原料　干啤酒糟	
24	NY/T 3136—2017	饲用调味剂中香兰素、乙基香兰素、肉桂醛、桃醛、乙酸异戊酯、γ-壬内酯、肉桂酸甲酯、大茴香脑的测定　气相色谱法	
25	NY/T 3137—2017	饲料中香芹酚和百里香酚的测定　气相色谱法	
26	NY/T 3138—2017	饲料中艾司唑仑的测定　高效液相色谱法	
27	NY/T 3139—2017	饲料中左旋咪唑的测定　高效液相色谱法	
28	NY/T 3140—2017	饲料中苯乙醇胺A的测定　高效液相色谱法	
29	NY/T 3141—2017	饲料中2,6-二甲基-3,5-二乙酯基-1,4-二氢吡啶的测定　液相色谱-串联质谱法	
30	NY/T 915—2017	饲料原料　水解羽毛粉	NY/T 915—2004
31	NY/T 3142—2017	饲料中溴吡斯的明的测定　液相色谱-串联质谱法	
32	NY/T 3143—2017	鱼粉中脲醛聚合物快速检测方法	
33	NY/T 3144—2017	饲料原料　血液制品中18种β-受体激动剂的测定　液相色谱-串联质谱法	
34	NY/T 3145—2017	饲料中22种β-受体激动剂的测定　液相色谱-串联质谱法	

（续）

序号	标准号	标准名称	代替标准号
35	NY/T 3146—2017	动物尿液中22种β-受体激动剂的测定　液相色谱-串联质谱法	
36	NY/T 3147—2017	饲料中肾上腺素和异丙肾上腺素的测定　液相色谱-串联质谱法	
37	NY/T 3148—2017	农药室外模拟水生态系统（中宇宙）试验准则	
38	NY/T 3149—2017	化学农药　旱田田间消散试验准则	
39	NY/T 2882.8—2017	农药登记　环境风险评估指南　第8部分：土壤生物	
40	NY/T 3150—2017	农药登记　环境降解动力学评估及计算指南	
41	NY/T 3151—2017	农药登记　土壤和水中化学农药分析方法建立和验证指南	
42	NY/T 3152.1—2017	微生物农药　环境风险评价试验准则　第1部分：鸟类毒性试验	
43	NY/T 3152.2—2017	微生物农药　环境风险评价试验准则　第2部分：蜜蜂毒性试验	
44	NY/T 3152.3—2017	微生物农药　环境风险评价试验准则　第3部分：家蚕毒性试验	
45	NY/T 3152.4—2017	微生物农药　环境风险评价试验准则　第4部分：鱼类毒性试验	
46	NY/T 3152.5—2017	微生物农药　环境风险评价试验准则　第5部分：溞类毒性试验	
47	NY/T 3152.6—2017	微生物农药　环境风险评价试验准则　第6部分：藻类生长影响试验	
48	NY/T 3153—2017	农药施用人员健康风险评估指南	
49	NY/T 3154.1—2017	卫生杀虫剂健康风险评估指南　第1部分：蚊香类产品	NY/T 2875—2015
50	NY/T 3154.2—2017	卫生杀虫剂健康风险评估指南　第2部分：气雾剂	
51	NY/T 3154.3—2017	卫生杀虫剂健康风险评估指南　第3部分：驱避剂	
52	NY/T 3155—2017	蜜柑大实蝇监测规范	
53	NY/T 3156—2017	玉米茎腐病防治技术规程	
54	NY/T 3157—2017	水稻细菌性条斑病监测规范	
55	NY/T 3158—2017	二点委夜蛾测报技术规范	
56	NY/T 1611—2017	玉米螟测报技术规范	NY/T 1611—2008
57	NY/T 3159—2017	水稻白背飞虱抗药性监测技术规程	
58	NY/T 3160—2017	黄淮海地区麦后花生免耕覆秸精播技术规程	
59	NY/T 3161—2017	有机肥料中砷、镉、铬、铅、汞、铜、锰、镍、锌、锶、钴的测定　微波消解-电感耦合等离子体质谱法	
60	NY/T 3162—2017	肥料中黄腐酸的测定　容量滴定法	
61	NY/T 3163—2017	稻米中可溶性葡萄糖、果糖、蔗糖、棉籽糖和麦芽糖的测定　离子色谱法	
62	NY/T 3164—2017	黑米花色苷的测定　高效液相色谱法	
63	NY/T 3165—2017	红（黄）麻水溶物、果胶、半纤维素和粗纤维的测定　滤袋法	

附　录

（续）

序号	标准号	标准名称	代替标准号
64	NY/T 3166—2017	家蚕质型多角体病毒检测　实时荧光定量 PCR 法	
65	NY/T 3167—2017	有机肥中磺胺类药物含量的测定　液相色谱-串联质谱法	
66	NY/T 3168—2017	茶叶良好农业规范	
67	NY/T 3169—2017	杏病虫害防治技术规程	
68	NY/T 3170—2017	香菇中香菇素含量的测定　气相色谱-质谱联用法	
69	NY/T 1189—2017	柑橘储藏	NY/T 1189—2006
70	NY/T 1747—2017	甜菜栽培技术规程	NY/T 1747—2009
71	NY/T 3171—2017	甜菜包衣种子	
72	NY/T 3172—2017	甘蔗种苗脱毒技术规范	
73	NY/T 3173—2017	茶叶中 9,10-蒽醌含量测定　气相色谱-串联质谱法	
74	NY/T 3174—2017	水溶肥料　海藻酸含量的测定	
75	NY/T 3175—2017	水溶肥料　壳聚糖含量的测定	
76	NY/T 3176—2017	稻米镉控制　田间生产技术规范	
77	NY/T 1109—2017	微生物肥料生物安全通用技术准则	NY 1109—2006
78	SC/T 3301—2017	速食海带	SC/T 3301—1989
79	SC/T 3212—2017	盐渍海带	SC/T 3212—2000
80	SC/T 3114—2017	冻鳌虾	SC/T 3114—2002
81	SC/T 3050—2017	干海参加工技术规范	
82	SC/T 5106—2017	观赏鱼养殖场条件　小型热带鱼	
83	SC/T 5107—2017	观赏鱼养殖场条件　大型热带淡水鱼	
84	SC/T 5706—2017	金鱼分级　珍珠鳞类	
85	SC/T 5707—2017	锦鲤分级　白底三色类	
86	SC/T 5708—2017	锦鲤分级　墨底三色类	
87	SC/T 7227—2017	传染性造血器官坏死病毒逆转录环介导等温扩增（RT-LAMP）检测方法	

中华人民共和国农业部公告
第 2630 号

根据《中华人民共和国农业转基因生物安全管理条例》规定,《农业转基因生物安全管理术语》等 16 项标准业经专家审定通过,现批准发布为中华人民共和国国家标准,自 2018 年 6 月 1 日起实施。

特此公告。

附件:《农业转基因生物安全管理术语》等 16 项国家标准目录

农业部

2017 年 12 月 25 日

附件：

《农业转基因生物安全管理术语》等 16 项国家标准目录

序号	标准号	标准名称	代替标准号
1	农业部 2630 号公告—1—2017	农业转基因生物安全管理术语	
2	农业部 2630 号公告—2—2017	转基因植物及其产品成分检测　耐除草剂油菜 73496 及其衍生品种定性 PCR 方法	
3	农业部 2630 号公告—3—2017	转基因植物及其产品成分检测　抗虫水稻 T1c‑19 及其衍生品种定性 PCR 方法	
4	农业部 2630 号公告—4—2017	转基因植物及其产品成分检测　抗虫玉米 5307 及其衍生品种定性 PCR 方法	
5	农业部 2630 号公告—5—2017	转基因植物及其产品成分检测　耐除草剂大豆 DAS‑68416‑4 及其衍生品种定性 PCR 方法	
6	农业部 2630 号公告—6—2017	转基因植物及其产品成分检测　耐除草剂玉米 MON87427 及其衍生品种定性 PCR 方法	
7	农业部 2630 号公告—7—2017	转基因植物及其产品成分检测　抗虫耐除草剂玉米 4114 及其衍生品种定性 PCR 方法	
8	农业部 2630 号公告—8—2017	转基因植物及其产品成分检测　抗虫棉花 COT102 及其衍生品种定性 PCR 方法	
9	农业部 2630 号公告—9—2017	转基因植物及其产品成分检测　抗虫耐除草剂玉米 C0030.3.5 及其衍生品种定性 PCR 方法	
10	农业部 2630 号公告—10—2017	转基因植物及其产品成分检测　耐除草剂玉米 C0010.3.7 及其衍生品种定性 PCR 方法	
11	农业部 2630 号公告—11—2017	转基因植物及其产品成分检测　耐除草剂玉米 VCO‑1981‑5 及其衍生品种定性 PCR 方法	
12	农业部 2630 号公告—12—2017	转基因植物及其产品成分检测　外源蛋白质检测试纸评价方法	
13	农业部 2630 号公告—13—2017	转基因植物及其产品成分检测　质粒 DNA 标准物质定值技术规范	
14	农业部 2630 号公告—14—2017	转基因动物及其产品成分检测　人溶菌酶基因（hLYZ）定性 PCR 方法	
15	农业部 2630 号公告—15—2017	转基因植物及其产品成分检测　耐除草剂大豆 SHZD32‑1 及其衍生品种定性 PCR 方法	
16	农业部 2630 号公告—16—2017	转基因生物及其产品食用安全检测　外源蛋白质与毒性蛋白质和抗营养因子的氨基酸序列相似性生物信息学分析方法	

图书在版编目（CIP）数据

中国农业行业标准汇编．2019．农机分册／农业标
准出版分社编．—北京：中国农业出版社，2019.1
（中国农业标准经典收藏系列）
ISBN 978-7-109-24893-9

Ⅰ.①中… Ⅱ.①农… Ⅲ.①农业－行业标准－汇编
－中国②农业机械－行业标准－汇编－中国 Ⅳ.
①S-65

中国版本图书馆 CIP 数据核字（2018）第 256809 号

中国农业出版社出版
（北京市朝阳区麦子店街 18 号楼）
（邮政编码 100125）
责任编辑 刘 伟 廖 宁

北京印刷一厂印刷 新华书店北京发行所发行
2019 年 1 月第 1 版 2019 年 1 月北京第 1 次印刷

开本：880mm×1230mm 1/16 印张：7
字数：240 千字
定价：80.00 元
（凡本版图书出现印刷、装订错误，请向出版社发行部调换）